# 武侠数学

李开周◎著

化学工业出版社

·北京·

# 内容简介

石器时代的原始人怎样数数？零和阿拉伯数字是怎样产生并传入中国的？古人怎样理解小数和负数？祖冲之用什么工具推算圆周率？数学的推算有什么实际功能，能带来什么样的乐趣？古代中国的数学在当时世界上有何独特之处，与现代数学课堂有哪些不同？这些问题，都可以由郭靖、黄蓉、杨过、小龙女等武侠人物来作答。

鉴于计算机编程方兴未艾，许多省份的高考数学和中考数学试卷都将编程纳入考点，本书里也有一些用计算机编程解决传统数学问题的示例，让没有接触过编程的读者初步了解程序思维的妙用。

**图书在版编目（CIP）数据**

武侠数学 / 李开周著 . —北京：化学工业出版社，2021.1（2024.10重印）
ISBN 978-7-122-38123-1

Ⅰ . ①武…　Ⅱ . ①李…　Ⅲ . ①数学 – 青少年读物
Ⅳ . ① O1-49

中国版本图书馆 CIP 数据核字（2020）第 243501 号

责任编辑：罗　琨　　　　　　　　　装帧设计：韩　飞
责任校对：宋　玮

出版发行：化学工业出版社（北京市东城区青年湖南街 13 号　邮政编码 100011）
印　　装：三河市双峰印刷装订有限公司
710mm×1000mm　1/16　印张 14½　字数 201 千字
2024 年 10 月北京第 1 版　第 7 次印刷

购书咨询：010-64518888　　　　　　售后服务：010-64518899
网　　址：http://www.cip.com.cn
凡购买本书，如有缺损质量问题，本社销售中心负责调换。

定　价：39.80 元

版权所有　违者必究

# 假如大侠懂数学

我小时候，发育晚，身体和大脑发育都晚，比同龄的孩子矮，也比同龄的孩子笨。因为矮，所以总坐前排。又因为笨，所以总受批评。从小学一年级到小学四年级，语文考试经常不及格，数学考试永远不及格。老师把答案写在黑板上，让我抄，我依然抄错，以至于被认为是智障儿童，被建议转到那种专门接收智障儿童的学校。幸亏我父亲天性乐观，坚信我只是暂时不开窍，坚信我会大器晚成，他找村主任说情，村主任又找校长说情，我才得以继续在"正常"的小学念书。

大概是在读五年级的时候，不知道什么原因，我像被一道闪电劈中百会穴，突然开了窍，以前完全听不懂的课程，能听懂了，以前完全不会做的数学题，能像别的同学一样做出来，甚至做得更快，准确率更高。然后呢？顺利考初中，顺利考高中，一路过关斩将，再也没有因为数学考试栽过跟头。但有一个问题，始终在我脑海里挥之不去：

"学这么多定理，背这么多公式，做这么多七弯八绕的数学题，到底有什么用？"

买卖东西需要算账，有加减乘除就够了，学完加减乘除，为什么还要学乘方、开方、阶乘、数列、集合、极限、微积分、概率论呢？学了后面这些知识，能让我们算账更快吗？我知道有很多小商小贩，从来没学过微积分，甚至连学校的大门都没进过，但算账算得飞快，做起心算来常常超过数学系的学生。

我拿这个问题问过老师，老师通常这样回答："数学是必考科目，你学不好数学，就考不上好大学。"我也拿这个问题问过同学，同学却说我"搞怪""偏激""净问些没用的"。记得初中语文课本上有一篇报告文学叫《哥德巴赫猜想》，徐迟写的，用一连串的比喻赞叹数学之美："这些是人类思维的花朵。这些是空谷幽兰、高寒杜鹃、老林中的人参、冰山上的雪莲、绝顶上的灵芝、抽象思维的牡丹。"徐迟这篇文章让数学家陈景润名声大噪，但也让广大民众对哥德巴赫猜想产生误解，误以为哥德巴赫猜想就是要证明一加一等于二或者一加二等于三，误以为只要像陈景润那样废寝忘食、昼夜不舍、用完几麻袋演算纸，就能一鸣惊人，成为举世瞩目的数学英雄。从徐迟发表文章到今天，几十年时间过去了，每年都有成千上万的民间"数学家"将证明哥德巴赫猜想的"完整成果"寄到中国科学院或者国际数学联盟，而其中许多人连基础的定义都没搞清楚。还有人将陈景润研究成果的应用性盲目夸大，说陈景润的证明被美国人拿去研究，搞出了航天飞机——这当然只是幻想罢了。哥德巴赫猜想的证明是纯数学问题，纯数学是不必考虑实际用途的。纯数学领域的一些研究成果曾经被用来解决现实世界的问题，另一些研究成果在将来某一天也许也能被用来解决现实世界的问题，但这或许都不是数学家的本意。

那么数学究竟有什么用呢？我们从小学到大学做那么多的数学题究竟有什么用呢？我苦苦思索，又浑浑噩噩，直到读了大学，脑袋又一次像被闪电劈中，对数学的作用终于有了一点点理解。大学期间，学完《线性代数》以后，我的数学课程表上又多出几门课程，它们分别是《概率论与数理统计》《数学建模》《线性规划》和《灰色系统》。这几门课都是应用性的，将我从小学到中学接触过的大部分数学知识都盘活了，让我意识到那些数学公式不仅有用，且有大用。在大地测量、工程规划、汽车制造、飞机设计、导弹防御、基因研究、疫情控制、临床试验、金融创新、营销调查、舆情分析、影视特效、计算机编程等领域，数学都在发挥它不可替代的作用，如果离开数学，这些工作都得停摆。哪怕在日常生活当中，只要运用得法，数学也能帮我们更快更好地解决难题。举个实际例子，每次学校放假，我都要把被褥塞进一只破旧的行李箱。以前将被子叠成方块塞进去，只能塞两床，后来仔细研究了那只行李箱满载时的形状，测算了被子叠成方块和卷成圆筒的不同体积，我将几床被子重叠起来，一起卷成圆筒，再往行李箱里放，能放三床甚至四床，旁边还有一些空间放别的东西。

意识到数学的威力以后，我才真正对数学有了兴趣，才有了学习数学的动力。以前学数学，是因为考试要考，不得不学；后来学数学，是因为数学很牛，不学可惜。大学期间，我的数学知识相对扎实，所以学别的理工课程不太吃力。毕业实习，我跟导师做某个地方的土地利用规划，将所有限制条件找出来，列几百个方程和不等式，代入指标，用计算机求解，比较完美地完成了工作。美国数学家Keith Devlin 说："数学不是数字的技术，而是生活的技术。"他说得很对，说出了数学在实际应用方面的价值。

回顾童年和少年时代，我是比较愚钝的学生，学了很久很久，也不知道数学的价值。但我又比较幸运，在青年时代体会到了数学的价值。如果念小学的时候，就有人告诉我数学有什么用，或者能将数学的价值展示给我看，不用多，展示一点点最浅显最入门的就行，我想我会少走很多弯路，我会学到更多的知识。

武侠世界有一位郭靖郭大侠，曾经和我一样愚钝，走过跟我一样的弯路。少年郭靖跟着江南六怪学武功，六怪教十招，他学不到一招，六怪教得沮丧，郭靖也恨自己太笨，学习过程非常苦恼。郭靖真的很笨吗？确实如此。但更大的毛病出在六怪身上，用全真派掌教马钰马道长的话说："这是教而不明其法，学而不得其道。"六怪只知道教招法，不知道教内功，所以郭靖进展缓慢。后来他跟马钰学了全真派内功，仿佛突然开了窍，原本拼了命也学不会的招数，忽然学得又快又准。

郭靖天资平庸，却心无杂念，他这样的学生必须从内功学起。可惜江南六怪不传内功，也不懂此理。

不夸张地讲，即使在武功教学方面，数学也是有用的。譬如说，江南六怪可以将郭靖的武功进度以及每天花在招数和内功方面的时间当作三个指标，仔细做好记录，过上两三个月，再根据记录绘制郭靖的武功进度曲线。他们将清晰地发现，这孩子在内功方面花的时间越长，武功精进就越明显，而在招数方面花的时间长短对武功精进并无显著影响。如果六怪学过数理统计和数学建模，他们还能算出三个指标的相关系数，写出指标之间的函数公式，进而调整他们的教学方法，设计出最合理的教学计划。

既然数学这么厉害，江南六怪为什么不用呢？因为他们不懂，他们不是数学家。不过，这个世界上有一些数学家，特别是那些只研究纯数学的数学家，会对数学的实用性表示不屑。还记得那个著名的数学故事吗？某学生向古希腊数学家欧几里得请教"学几何有什么用"，欧几里得根本懒得解释，拿出一块钱币将人家赶跑，因为在欧几里得看来，数学就像诗歌和音乐，不必有用，只要足够优美就行了。我们知道，数学家、物理学家和工程师是有区别的，工程师希望自己的公式符合现实，物理学家希望现实符合自己的公式，数学家则完全不用关注现实，只要自己的公式在形式逻辑上是自洽的，是可以证明的，那就足够了。

不仅是数学，人类文明史上冒出来的许多成果在初创之时，创造者追求的都是好奇心被满足、智力游戏被破解，并不关心能派上什么用场。就像爱因斯坦刚刚创造出相对论的时候，如果我们闯进他就职的专利局问他："这个理论到底有什么用？"他要么会张口结舌，不知如何回答，要么会很不礼貌地将我们赶走。现代民众应该理解和支持那些看起来完全无用的基础研究，即使不理解，也不必非要问"这有什么用"，因为连研究者都未必知道它有什么用。

让我们再回到"数学有什么用"这个老问题。面对这个问题，数学家可以不理会，但数学老师必须理会。第一，孩子的好奇心无比珍贵，老师不能扼杀；第二，我自己的学习经历告诉我，一旦体会到数学的实用性，学起来会兴趣大增，且不会是仅为考试而学，考完就扔，扔掉就忘。如此强大又如此优美的学科，如果只能用考试逼迫孩子去学，难道不是数学教育的悲哀吗？

这本《武侠数学》是我的第四本科普书，也是我想让现在的孩子们尽快理解"数学有什么用"的一个尝试。我将中小学课堂上可能学到的数学知识掰开揉碎，撒进刀光剑影的武侠世界，我希望这些知识能在"江湖"之上载沉载浮，泛起一些可爱的小泡泡，再被那些对数学望而生畏的孩子一一戳破，感受到数学的有用与好玩。

希望你能开开心心地读完这本书，祝阅读愉快。

# 第一章　从零开始

# 第二章　掐指一算

# 第五章　三角在手，天下我有

# 第六章　黄蓉教你解方程

# 第一章
# 从零开始

## 一千零八十个头

《天龙八部》第三十三回，慕容复误闯万仙大会，黑夜中杀伤几人，跟天山童姥麾下的三十六洞洞主和七十二岛岛主结下死仇。这些洞主和岛主当中，有一个大头老者，特别嚣张，向慕容复冷笑道：

"我三十六洞、七十二岛的朋友们散处天涯海角，不理会中原的闲事。山中无猛虎，猴儿称大王，似你这等乳臭未干的小子，居然也说什么'北乔峰、南慕容'，呵呵！好笑啊好笑，无耻啊无耻！我跟你说，你今日若要脱身，那也不难，你向三十六洞每一位洞主、七十二岛每一位岛主，都磕上十个响头，一共磕上一千零八十个头，咱们便放你六个娃儿走路。"

三十六洞，各有一位洞主；七十二岛，各有一位岛主。三十六加七十二，总共一百零八人，这是超级简单的加法，很容易算。一百零八个人，如果慕容复向每人磕十个头，那他要磕一千零八十个头，这是超级简单的乘法，也容易算。不过，考虑到时代背景，这位老者应该不会有"一千零八十个头"这样的表述，他会扔掉中间那个"零"字，只说"一千八十个头"。

在小学数学课上，我们学过整数的读法：从高位到低位，一级一级地读，如果遇到0，每一级末尾的0不用读出来，不论其他数位上连续有几个0，都只读一个零。

比如说，1080，四个数位，两个0，个位上的0不读，百位上的0读作"零"，现代小学生读，必须读成"一千零八十"。如果读"一千八十"，或者"一千零八零"，那就错了，老师会打一个大大的"×"。

但是《天龙八部》里的故事发生在古代，发生在北宋，发生在大宋、大辽和西夏这三个政权三足鼎立的时代，那时候有"零"这个汉字，却没有"0"这个数字。那时候中国人以及会说汉语的契丹人和西夏人如果读1080，只能读"一千八十"，因为在他们心目中，甚至在当时最卓越的数学家心目中，零都不是一个实实在在的数。当时的自然数中没有零，整数里面也没有零。

因为没有零，所以宋朝人用汉字表述数字时，有时会很怪异。

宋神宗在位时，有一个掌管御厨的官员向神宗报告一年来的食材支出："羊肉四十三万四千四百六十三斤，猪肉四千一百三十一斤……醋一千八十三石，诸般物料八万三百一十斤。"

羊肉434463斤，被写成"四十三万四千四百六十三斤"，跟现在写法相同。

猪肉4131斤，被写成"四千一百三十一斤"，也跟现在写法相同。

醋1083石，让我们读或者写，必须是"一千零八十三石"，但是宋朝官员漏掉了零。

诸般物料80310斤，让我们读或者写，必须是"八万零三百一十斤"，宋朝官员又把零给扔了。

南宋初年，避居江南的书生袁颐考察大宋人口变迁："国初，杭粤蜀汉未入版图，总户九十六万七千五百五十三。至开宝末，增至二百五十万八千六十五户。"北宋初年，全国共有967553户；宋太祖开宝末年（976年），增长到2508065户。2508065，现在应该写"二百五十万八千零六十五"，袁颐写的是"二百五十万八千六十五"，还是没有零。

## 古代中国没有零

零作为数字的历史很短很短，宋朝数学里没有零，元朝和明朝数学里也没有零。小说家施耐庵生活在元末明初，他写《水浒传》，写到梁山泊好汉人数，通常是"一百八人"或者"一百八员"。

例如该书第七十回，宋江先打东平府，再打东昌府，回到山寨，对众弟兄说："共聚得一百八员头领，心中甚喜。"

再比如第七十一回，宋江率领大家在忠义堂对天盟誓，誓词是这么说的："宋江鄙猥小吏，无学无能，荷天地之盖载，感日月之照临，聚弟兄于梁山，结英雄于水泊，共一百八人……"

还有第八十二回，太尉宿元景回奏："宋江等军马，俱屯在新曹门外，听候圣旨。"宋徽宗说："寡人久闻梁山泊宋江等有一百八人，上应天星……"

近现代说书人演绎《水浒传》，张口闭口"一百零八条好汉"，这其实是清朝以后才有的说法，清朝以前只能是"一百八条好汉"，没那个"零"。20

世纪初，考古人员在甘肃敦煌千佛洞发现唐朝数学文献《立成算经》，里面记录钱币数字 108 文，也是写成"百八文"（图 1-1），而不是"一百零八文"。图 1-2 为日本早稻田大学图书馆所藏水浒画册：《清陆谦画水浒百八人像赞临本》。

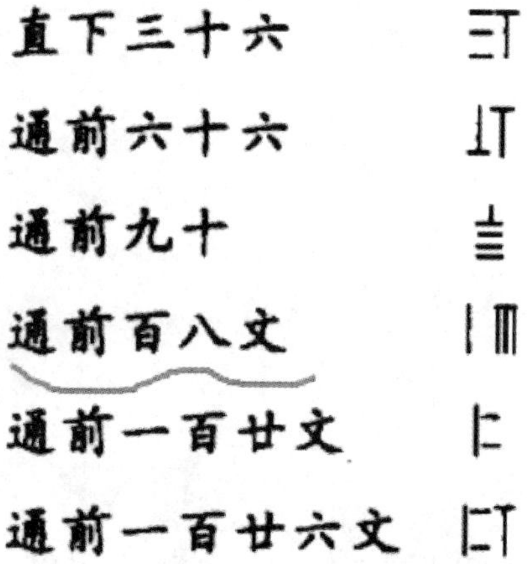

直下三十六　　　　　<br>
通前六十六　　　　　<br>
通前九十　　　　　<br>
通前百八文　　　　　<br>
通前一百廿文　　　　　<br>
通前一百廿六文

▲图 1-1　唐朝数学文献《立成算经》<br>
将 108 文写作"百八文"

▲图 1-2　《清陆谦画水浒画百八人像赞临本》

我们必须说明，中国古籍里并不是没有零，只不过，那些零的含义与数字无关。它们有时是"凋零"的零，有时是"零散"的零，有时是"挂零"的零。它们可以有"滴落"的意思，可以有"细碎"的意思，可以有"附加"的意思，却没有"一减一等于零，零加零还是零"的意思。

其实，不只是古代中国没有数字零，古希腊、古罗马和古埃及也没有数字零。在任何一个古典文明时代，一切数学概念和数学技能都是因为实际需要，才被发明出来的，而零在很长时期内都没有被发明的必要。什么是零？不就是空无所有吗？每个数字都被用来计算那些实实在在的东西，空无所有的东西凭什么需要数字呢？空无所有的数字怎么能够进行计算呢？

数字被用来描述实有，虚空之物不需要数字，这是非常朴素的想法，自自然然，水到渠成。认识不到零很正常，认识到应该有零，那才叫稀奇古怪、异想天开。

## 没有零，一样记数和计算

现代人写数字和做运算，绝对离不开零。11+19=30，一个零出来了。111-11=100，两个零出来了。古代中国、古希腊、古罗马、古埃及都没有零，先民们如何计算？如何进位？如何用数字表示几十、几百、几千、几万呢？

早期文明的数字符号告诉我们，即使没有零，一样可以表示很大的数字，只不过表示方法要复杂一些。

以古埃及为例（图1-3）：1的符号是一竖，像一根棍子；2的符号是两竖，像两根棍子；以此类推，3是三根棍子，4是四根棍子，5是五根棍子……到了10，符号变成一道拱形（据说这个符号是一只踝骨），好像字母n，又像集合运算符号里计算交集的∩。然后呢？ 11是一道拱加一竖，12是一道拱加两竖，13是一道拱加三竖……到了20，用两道拱来表示；30是三道拱，40是四道拱，50

是五道拱……100 呢？被写成一个曲里拐弯的符号，仿佛缺了左下角的 8，又仿佛是头朝上的小蝌蚪。

比 100 还要大的数字，古埃及人也能写出来，例如 1000 像一支火炬（也有人说这是一朵莲花），1 万像一根手指，10 万是一只神鸟，100 万是一个单膝跪地、双手投降、仿佛被这个巨大数字吓怕了的人（图 1-4）。

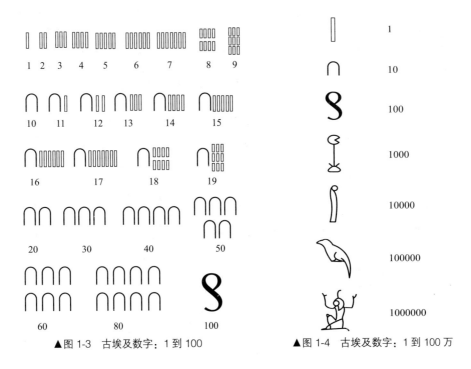

▲图 1-3 古埃及数字：1 到 100

▲图 1-4 古埃及数字：1 到 100 万

古埃及人如果要写 1023047 这个数字，会画一个受惊吓的人，表示 100 万；再画两根手指，表示 2 万；再画三支火炬，表示 3000；再画四个拱形，表示 40；最后画七根棍子，表示 7。整个数字写出来，会是如图 1-5 的样子。

▲图 1-5 用古埃及数字表示 1023407

古埃及数字是象形符号，古希腊和古罗马则用字母表示数字（图 1-6）。在古希腊，1 写成 A，2 写成 B，3 写成 Γ，4 写成 Δ，5 是 E，6 是 F，7 是 Z，8 是 H，9 是 θ，10 是 I，11 是 IA，12 是 IB，13 是 IΓ，14 是 IΔ……20 写成 K，21 写成 KA，22 写成 KB，23 写成 KΓ，100 写成 P。如果想写 108，那就是 PH，中间不需要一个表示零的符号。

| 古希腊数字 | A | B | Γ | Δ | E | F | Z | H | θ | I | IA | IB | IΓ | IΔ | IE | IF | IZ | IH | Iθ | K | KA | P |
|---|---|---|---|---|---|---|---|---|---|---|---|---|---|---|---|---|---|---|---|---|---|---|
| 阿拉伯数字 | 1 | 2 | 3 | 4 | 5 | 6 | 7 | 8 | 9 | 10 | 11 | 12 | 13 | 14 | 15 | 16 | 17 | 18 | 19 | 20 | 21 | 100 |

▲图 1-6 古希腊数字与阿拉伯数字对照表

相对而言，我们对古罗马数字更加熟悉，生活当中也能见到它们。在一些钟表上，从 1 点钟到 12 点钟，分别用 I、Ⅱ、Ⅲ、Ⅳ、Ⅴ、Ⅵ、Ⅶ、Ⅷ、Ⅸ、Ⅹ、Ⅺ、Ⅻ来表示。而那些稍大一些的数，会被写成不同的字母或者字母组合，例如 50 是 L，100 是 C，500 是 D。古罗马人想记录一个数字，先看这个数能不能对应一个现成的字母，如果不能，那么分解这个数，把它分解成几个字母（图 1-7）。

| 古罗马数字 | I | Ⅱ | Ⅲ | Ⅳ | Ⅴ | Ⅵ | Ⅶ | Ⅷ | Ⅸ | Ⅹ | Ⅺ | Ⅻ | ⅩⅢ | ⅩⅣ | ⅩⅤ | ⅩⅥ | ⅩⅦ | ⅩⅧ | ⅩⅨ | ⅩⅩ | ⅩⅪ | L | LXX | XC | C | CCC | CD | D |
|---|---|---|---|---|---|---|---|---|---|---|---|---|---|---|---|---|---|---|---|---|---|---|---|---|---|---|---|---|
| 阿拉伯数字 | 1 | 2 | 3 | 4 | 5 | 6 | 7 | 8 | 9 | 10 | 11 | 12 | 13 | 14 | 15 | 16 | 17 | 18 | 19 | 20 | 21 | 50 | 70 | 90 | 100 | 300 | 400 | 500 |

▲图 1-7 古罗马数字与阿拉伯数字对照表

比如说，要写 100，用一个字母 C 就行。要写 200，就得写成 CC。写 230 呢？因为 230 等于 100+100+30，而 30 又等于 10+10+10，100 的对应字母是 C，10 的对应字母是 X，所以 230 被记作 CCXXX。再比如 732，可以分解成 500+100+100+10+10+10+2，其中 500 用 D 表示，100 用 C 表示，10 用 X，2 用 Ⅱ，732 会被写成 DCCXXXⅡ。像这样的数字系统，记录繁琐，识别易错，计算之时更加令人头疼（不能像阿拉伯数字那样将不同数字的相同数位对应起来，以便加减乘除），但自始至终都不需要有零参与。

## 神算子瑛姑的算子

再看中国的数字符号。

在古代中国，有两套数字系统。一套当然是文字：一、二、三、四、五、六、七、八、九、十、百、千、万、亿。另一套是颇具中国特色的象形符号，1用"丨"表示，2用"丨丨"表示，3用"丨丨丨"表示，4用"丨丨丨丨"表示，5用"丨丨丨丨丨"表示，6是上面一竖、底下一横（也可以上下颠倒，改为上面一横、底下一竖，以下7、8、9亦然），7是上面一竖、底下两横，8是上面一竖、底下三横，9是上面一竖、底下四横（图1-8）。这里的竖与横，都是从一种计算工具演化出来的符号。

▲图1-8　从1到9，古代中国的计数符号

　　这种计算工具既简单又古老，它叫"算筹"，俗称"算子"（图1-9）。《射雕英雄传》里不是有一位性格孤僻、武功神奇的女士"神算子瑛姑"吗？瑛姑在自己的隐居之处闭门不出，天天忙着解方程、开立方，她用的计算工具，就是算子。金庸先生原文描写如下：

　　"只见当前一张长桌，上面放着七盏油灯，排成天罡北斗之形。地下蹲着一个头发花白的女子，身披麻衫，凝目瞧着地下一根根的无数竹片……黄蓉坐了片刻，精神稍复，见地下那些竹片都是长约四寸，阔约二分，知是计数用的算子。"

▲图1-9　这些竹片就是算筹，也可以用其它材料制作，如树枝、金属、象牙

　　瑛姑的算子用竹片制成，长四寸，宽二分（十分为一寸），一根根摆在地上，每几根组成一组，每一组表示一个数字。如果是个位数，算子竖排；如果是十位数，个位上的数用竖排表示，十位上的数用横排表示；如果是百位、千位、万位数，则纵横交替：个位竖排，十位横排，百位竖排，千位横排，万位再竖排……

　　将算筹的摆法写在纸上，就成了数字符号，算筹纵横交错，数字符号也是纵横交错。同样是用象形符号表示数字，古代中国的方法要比古埃及简便易懂。首先，需要的符号数量很少，只用到横和竖两个基本符号，就像计算机二进制只需要用到 0 和 1 一样；其次，读数直截了当，只要不把数位弄错，就能直接读出一组算筹所表示的数字，而古埃及的数字符号完全没有数位之分，必须先将每个符号所代表的数字全部加起来，才能搞明白这到底是个什么数。

　　为了让数字符号进一步简化，大约在唐宋时期，中国还发展出一套写法，将原先用四根算筹表示的 4 简化成交叉的 "×"，将原先用五根算筹表示的 5 简化成上面缺角的 8，将原先用九根算筹表示的 9 简化成一个 "×"再加一个小尾巴。这套简化版的数字符号在中国官方和民间的账簿上得到广泛应用（图 1-10），直到 20 世纪才渐渐消失，它们被称为 "账码"。

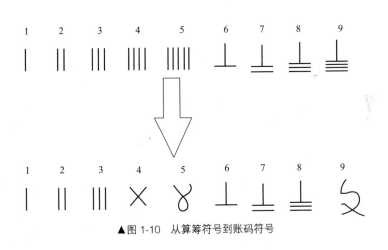

▲图 1-10　从算筹符号到账码符号

　　不过，中国的数字符号也存在一个明显缺陷——当某个数位上的数字是空白时，并没有特定的算筹或账码与其对应，只能将那个数位空缺出来。比如说，想写 1111，用四根算筹纵横交错摆一摆即可；可是要写 11011，就得在前两根算筹与后两根算筹当中留出一段空白。这个空白究竟要留多大呢？没有固定标准。就算有标准，手写和摆放的时候也不可能做到标准统一。假如空白不够大，或者读数人的眼神不够好，就有可能把 11011 当成 1111（图 1-11），这绝对是无法容忍的误差。

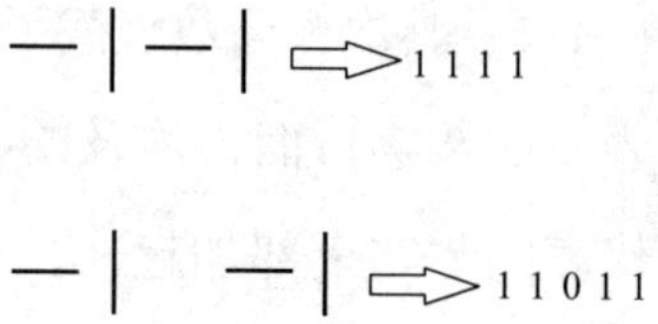

一 | 一 | ⇨ 1 1 1 1

一 | 一 | ⇨ 1 1 0 1 1

▲图 1-11　用算筹表示 1111 和 11011

　　更要命的是，如果要写的数字是 110011，中间两个数位都是空白，被误读的可能性更大。古埃及数字符号却不会出现这种危险，因为古埃及根本不按数位书写数字，像前面所举的例子 1023047 一样，每个大数都是用许多符号加总出来的，只要做加法的时候不犯错，就不至于误读。

## 这个○不读零

为了不被误读，古代中国的学者有时会使用某个汉字或者某个占位符号，以此代替那容易令人混淆的空白。例如南北朝时的祖冲之（429 年—500 年），就是曾经将圆周率推算到小数点后第七位的天才数学家，他会把 11011 写成"一｜初一｜"。从右向左，"｜"表示个位上的 1，"一"表示十位上的 1，第二个"｜"表示千位上的 1，第二个"一"表示万位上的 1。至于中间那个"初"字，则表示百位上没有数字，相当于 0。

唐朝有一位僧人数学家，法号一行（683 年—727 年），他喜欢用"空"表示空白数位，将 11011 写成"一｜空一｜"。宋朝理学家蔡元定（1135 年—1198 年）撰写乐书《律吕新书》，则用"囗"表示空白数位，11011 被写成"一｜囗一｜"。

蔡元定《律吕新书》第一卷，用汉字写数字，也用到"囗"：

　　黄钟十七万七千一百第十七；

　　林钟十一万八千□□九十八；

　　太簇十五万七千四百六十四；

　　南吕十□万四千九百七十六；

　　……

　　黄钟、林钟、太簇、南吕，都是乐律名称，乐律后面的数字是乐器长度值。黄钟177117，太簇157464，数位上都没有0，无需用"□"。南吕104976，万位是0，蔡元定用了一个"□"。林钟118098，百位是0，蔡元定用了两个"□"。为什么用两个"□"呢？在这里并无特殊含义，仅仅是为了让四行文字上下对齐，看起来更规整而已。如果一个方框只能表示一个0，那么"林钟十一万八千□□九十八"得改成"林钟十一万八千□九十八"，少一个字符，看上去比其他乐律短一节，不美观。

　　仅仅为了美观，就在数值当中随意增添或者减少占位符，这也说明蔡元定使用的"□"不是真正的0。

　　南宋数学家秦九韶（1208年—1268年）著有《数学九章》一书，书中首次出现"〇"这个占位符，例如403写成"四百〇三"，505写成"五百〇五"。这个正圆的〇与阿拉伯数字里扁圆的0有些相像，看起来都是圆圈，但它却不读"零"，而读作"空"。

　　元朝天文学家郭守敬（1231年—1316年）著《授时历》，明朝数学家程大位（1533年—1606年）著《算法统宗》，都普遍使用〇。郭守敬用"八十〇〇六"表示80.06，前一个〇相当于小数点，后一个〇相当于空白数位。程大位用"二十九两五钱五分〇〇一丝"表示29两5钱5分0厘0毫1丝，即29.55001两，其中的两个〇都相当于空白数位，表示在"厘"和"毫"这两个货币单位上，金额是空无所有的。

　　看到这，有些读者一定会认为 0 是中国人发明的，发明时间不晚于南宋，发明者或许就是南宋数学家秦九韶。但是如前所述，中国数学古籍里的○不是真正的 0，它只是占位符，是用来填补算筹之间那一小片空白的占位符，它的读音也不是"零"，而是"空"。

## 古老的占位符

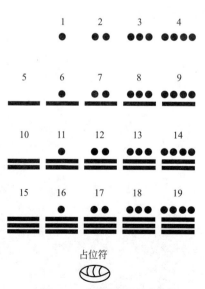

占位符

▲图 1-12　玛雅数字及其占位符

在中美洲，已经消亡的古老而神秘的玛雅文明也发明过一套数字符号，以及类似于〇的占位符（图1-12）。这套数字符号是这样的：

一个点表示 1，两个点表示 2，三个点表示 3，四个点表示 4，一横表示 5，一横上面加一点表示 6，一横上面加两点表示 7，一横上面加三点表示 8，一横上面加四点表示 9，两横表示 10，两横加一点为 11，两横加两点为 12，两横加三点为 13，两横加四点为 14，三横为 15，三横加一点为 16，三横加两点为 17……如果某个较大数字的某个数位上是 0，则用一个贝壳符号（有人说是眼睛）来表示。

　　地球上还存在过一个更加古老的文明：苏美尔文明。距今至少六千年前，生活在两河流域的苏美尔人就在使用全世界最早的文字系统——楔形文字。距今至少五千年前，苏美尔人又发明了全世界最早的数字符号——楔形数字。在距今四千年到距今三千年的时间内，楔形数字渐趋成熟，只用两个基本符号，一个是长尾巴的小三角，一个是 V 字形的"回旋镖"，就能表示 60 以内的数字（图 1-13）。

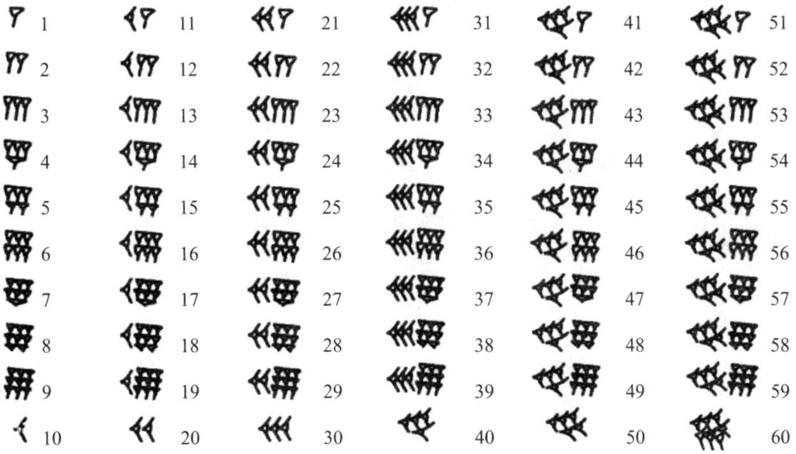

▲图 1-13　苏美尔文明的楔形数字：从 1 到 60

　　苏美尔人以及两河流域后来的居民阿卡德人都喜欢采用独特的六十进制。我们现在的时间单位，60 秒为 1 分钟，60 分钟为 1 小时，正是苏美尔－阿卡德文明六十进制留下的遗产。从 1 到 60，相当于十进制的个位；从 60 到 3600，相当于十进制的十位；从 3600 到 216000，相当于十进制的百位。在十进制当中，如果某个数位上的数是零，则必须用到 0、空白或者占位符，六十进制同样如此（图 1-14）。比如说，十进制里 3611 这个数，换成六十进制：3611=1×3600+0×60+11，百位是 1，个位是 11，中间的十位成了空缺。在楔形数字里，怎么表示这个空缺呢？

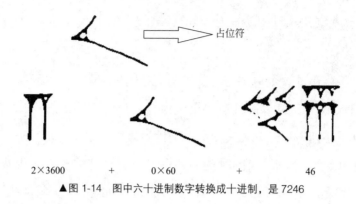

$$2 \times 3600 \qquad + \qquad 0 \times 60 \qquad + \qquad 46$$

▲图 1-14　图中六十进制数字转换成十进制，是 7246

　　早期苏美尔人既没有 0，也没有占位符，只能在数与数中间空出一小短距离，表明那个数位上没有数值。大约两千年前，两河流域的居民搞出来一个占位符，这个符号就像一个向左卧倒的 A，但是其中一画格外长，它放在哪个位置，就表明哪个数位上没有数。

　　从两河流域到美洲中部，从古代中国到古希腊、古罗马、古埃及，都没有把零发明出来，仅仅搞出了几个能像现在多位数里的 0 那样起占位作用的占位符。

## 为什么是印度人发明了零？

真正的零，是印度人发明的。

大约在公元 3 世纪，即中国魏晋名士"竹林七贤"活跃在历史舞台上的时期，印度人开始在十进位数字当中使用"·"这个占位符。这个小圆点的作用等同于两河流域楔形数字向左卧倒的 A，也等同于玛雅数字里的贝壳符号，还等同于中国数学家祖冲之使用的"初"、僧一行使用的"空"、蔡元定使用的"□"、郭守敬使用的"○"。也就是说，它并非真正的零，但可以当零来用。

古印度学者婆罗摩笈多（Brahmagupta，约公元 598 年—660 年）在公元 628 年写成《婆罗摩修正体系》一书，曾经给出零的定义，并规定了零参与计算的几条规则："零是没有；零加零还是零；任何数加减零，该数不变；零乘以任何数，积为零；零除以任何数，商为零。"

这几条简单的定义和规则足以证明，至少在千余年前，印度已经孕育出"零是数字"的思想。

公元 876 年，印度北部的瓜廖尔（Gwalior）地区树立起一块石碑，碑文大意是说：这个地区的人民在神庙旁边建造了一座花园，护法神每天可以从花园里采摘 50 朵花，花园宽度是 187 个哈斯塔斯（英文通译 hastas，古印度长度单位），长度是 270 个哈斯塔斯。50、270、187，石碑上这三个数字的写法基本接近现在通行的阿拉伯数字，其中 2 和 7 刻得圆润流畅，仿佛草书，0 则是一个小小的〇（图 1-15）。

▲图 1-15　瓜廖尔石碑上的阿拉伯数字：270

婆罗摩笈多的著作和瓜廖尔的石碑足以证明，到公元 9 世纪，印度不仅形成了"零是数字"的观念，也奠定了阿拉伯数字的雏形。

阿拉伯数字是印度人发明的，在 9 世纪被波斯数学家和天文学家阿尔·花拉子米（Al Khwarizmi，约公元 780 年—850 年，又译作阿尔·花拉子密、阿尔·花剌子模）写进《代数学》一书。公元 13 世纪，意大利数学家斐波那契（Fibonacci，1175 年—1250 年）从其他数学家手中学会了那些阿拉伯数字（实际上是印度数字）的写法，将其传播到西方世界。大约 13—14 世纪，这些数字符号又从西方世界传播到中国。

阿尔·花拉子米和斐波那契都是推广阿拉伯数字的大功臣，但他们对零的认识却远远落后于同时期甚至更早时期的印度学者。

花拉子米并不认为零是一个数字，他记录来自印度的 10 个数字符号：1、2、3、4、5、6、7、8、9、0。对于这个 0，他的解释是："这个小圆圈不是任何数字，它被用来告诉人们，它所在的数位是空的。"很明显，花拉子米仅仅将 0 当成一个占位符，不能独立进入运算。

斐波那契著有《计算之书》，在该书里他这样介绍阿拉伯数字："9、8、7、6、5、4、3、2、1，这是来自印度的九个数码，加上阿拉伯称为零的那个符号 0，任何数都能表示出来。"可见在斐波那契心目中，0 仍是符号，而不是数字。

我们千万不要笑话花拉子米和斐波那契，实际上，将零当成数字，需要高度的抽象思维，必须从思想上产生翻天覆地的变化。1、2、3、4，或者 0.1、0.2、0.3、0.4，甚至包括 −1、−2、−3、−4，这些正整数、小数和负整数，都能在现实世界找到对应的东西。1 可以是一只羊，0.1 可以是一只羊的十分之一，−1 可以是你要偿还别人一只羊。可是 0 呢？它有对应的东西吗？

只有脱离具象思维，只有跨出"抽象性"的关键一步，只有把对数字的感知控制在逻辑和冥想的范畴，只有扔掉"每个数字都应该有意义"的本能想法，才有可能认为 0 是数字，才会打开代数学的大门，才有机会让数学从统计工具的泥潭里拔出腿来，飞跃九天，发展成一门高度抽象却又破迷开悟的形式科学。而印度的宗教传统和思维习惯恰恰在"冥想"上颇具优势，也许这才是印度人得以发明零这个数字的真正原因。

## 零和空，还有《道德经》

　　印度人不仅发明了阿拉伯数字，也发明了零，这是数学史领域的主流观点，但不是所有人都能认同。美国应用数学家罗伯特·卡普兰（Robert Kaplan，1940年—）就认为，欧洲人也许比印度人更早将零纳入数字系统。他从亚里士多德的著作中发现一句话："空白是一个碰巧没有物体存在的地方。"他还发现，古希腊人喜欢用圆圈表示未知数以及空缺的数。他又梳理了亚历山大东征时期希腊学者到访印度的历史，最后得出一个结论："沿着公元前326年亚历山大国王的入侵路线，零传入了印度。"他的意思是说，零的发明应该追溯到古希腊，印度人没有发明零，而是从希腊人那里学会使用零。

　　罗伯特·卡普兰的观点不属于主流，他的考证也不太严谨。如果亚里士多德笔下的"空白"等于零，那我们也可以说，《道德经》里的"无"也是零。鉴于《道德经》作者老子比希腊哲人亚里士多德出生得更早，汉唐时期中国与印度的交流也相当频繁，难道不可以大胆推测是中国人发明了零然后又传给了印度人吗？

当然，这样的推测不能让人信服，就像罗伯特·卡普兰的考证不能让人信服一样。

回到我们的武侠数学。《射雕英雄传》第十七回，周伯通传授郭靖空明拳，曾经引用《道德经》，讲述"空"的妙用。不妨看一下原文：

周伯通道："老子《道德经》里有句话道：'埏埴以为器，当其无，有器之用。凿户牖以为室，当其无，有室之用。'这几句话你懂么？"郭靖也不知那几句话是怎么写，自然不懂，笑着摇头。

周伯通顺手拿起刚才盛过饭的饭碗，说道："这只碗只因为中间是空的，才有盛饭的功用，倘若它是实心的一块瓷土，还能装什么饭？"郭靖点点头，心想："这道理说来很浅，只是我从未想到过。"周伯通又道："建造房屋，开设门窗，只因为有了四壁中间的空隙，房子才能住人。倘若房屋是实心的，倘若门窗不是有空，砖头木材四四方方地砌上这么一大堆，那就一点用处也没有了。"郭靖又点头，心中若有所悟。

周伯通道："我这全真派最上乘的武功，要旨就在'空、柔'二字，那就是所谓'大成若缺，其用不弊。大盈若冲，其用不穷。'"

周伯通说的"空"，很像数字里的零，两者同样妙用无穷。

周伯通和郭靖生活在南宋时期，南宋的数学思想里还没有零的概念，但有"空"的概念。如前所述，从宋朝到明朝，中国数学家用"□"或"○"作为占位符，这些占位符的读音，正是"空"。

## 零为什么变成自然数？

就人类整体而言，思想是不断进步的，后人的认识通常会超越前人，我们对零的认识也是如此。20 世纪 70 年代或 80 年代开始读书的朋友必定都记得，当时的数学课讲自然数，都从 1 开始，1 是最小的自然数。现在的孩子上小学，数学老师却会告诉他们，最小的自然数是 0。短短几十年，从"零不是自然数"到"零是最小的自然数"，人们的认识又有了一个飞跃。

零是数字，零是整数，我们受过基础教育，觉得这些认识都很自然。零居然是自然数，这个认识就显得不那么自然。我们平常数数，数某种事物有多少，不都是从 1 开始吗？没见过从 0 开始数的。如果哪位指着一堆苹果开始数："0、1、2、3、4……"大概会有人觉得他不正常。

1889 年，意大利数学家朱塞佩·皮亚诺（Giuseppe Peano，1858 年—1932 年）提出五条公理，可用文字描述如下：

公理1，1是自然数；

公理2，每个确定的自然数 $a$，后面都有一个确定的相邻数 $a'$，$a'$ 也是自然数；

公理3，1不是任何自然数后面的相邻数；

公理4，不同自然数拥有不同的相邻数；

公理5，任意关于自然数的命题，如果能证明该命题对1为真，并且它对自然数 $a$ 为真时可证明它对 $a'$ 也为真，那么这个命题就对所有自然数为真。

这五条公理称为"皮亚诺公理"，其中第一条、第三条和第五条公理，都不假思索地认定1是最小的自然数。将皮亚诺公理运用于当时的数学体系，严丝合缝，堪称数学大厦的一块基石。

皮亚诺为数学大厦提供基石的同时，别的数学家也在为数学大厦添砖加瓦。19世纪末，就在皮亚诺提出五条公理不久以后，数学的一大分支"群论"发展到关键时期，一些数学家用群论这把利器重新解剖整数和自然数，发现了一个非常危险的破绽：如果不把零放进自然数群，整数群就会变得不完整。所以，为了能让数学体系互不矛盾、自成逻辑，为了保证整个数学大厦固若金汤、坚不可摧，这些数学家就让零加入自然数家族，成为最小的自然数。

进入20世纪，有的数学教材把零当成自然数，有的数学教材坚持零不是自然数，时间越往后，认可零是自然数的教材就越多。在欧美数学界，主流意见都认为零是自然数。所以在1993年，中国国家技术监督局修订"量和单位"的国家标准，规定零是自然数。于是乎，我们的数学教材随之修改。于是乎，00后新生代在零的认识上与国际接轨，70后与80后家长被甩在后面。于是乎，爸爸妈妈们辅导小朋友数学作业时，会有这样的对话：

"宝贝，最小的自然数是1，你这道题写错了。"

"没有错，老师今天刚讲过，零也是自然数！"

　　家长不信，一查教材，果然！大惑不解："咦，是不是印错了？"而看过本书的爸爸妈妈就不会有这样的困惑。

　　在本章最后，让我们再温习几点关于零的知识。

　　最小的自然数是 0 不是 1；

　　最小的个位数是 1 不是 0；

　　0 不是正数，也不是负数，它是唯一的中性数；

　　0 是偶数；

　　0 不是质数，也不是合数；

　　任何数加减 0，值不变；

　　任何数与 0 相乘，积为 0；

　　任何不是 0 的数的 0 次方都是 1；

　　0 不能作除数，任何数除以 0，都没有数学意义；

　　0 是十进制位值数中唯一的占位符，表示该数位为空；

　　0 可以表示起点，例如直尺的起点刻度线都是 0；

　　0 可以用于编号，例如 001、002……

　　0 可以表示界限，例如 0 度以上、0 度以下……

# 第二章
# 掐指一算

# 一日不过三

金庸先生在《侠客行》里塑造了一个角色。此人面容苍老，头发和胡子都白了，笑容可掬，脚上穿一双白布袜子，干干净净的紫色缎子鞋上绣着大大的"寿"字，乍看上去，是个面目慈祥的老爷爷。但与他目光一接触，就让人不由自主打一个冷战，几乎冷到骨髓里去，因为他目光凶狠，眼睛里射出一股难以形容的凶狠之意。

这老头姓丁，名不三，江湖上有个绰号，叫作"一日不过三"。

丁不三为何会有这么一个古怪的绰号呢？让他自己解释：

"当年杀人太多，后来改过自新，定下了规矩，一日之中杀人不得超过三名。这样一来便有了节制，就算日日都杀三名，一年也不过一千，何况往往数日不杀，杀起来或许也只一人二人。好比那日杀雪山派弟子孙万年、褚万春，就只两个而已。这'一日不过三'的外号自然大有道理，只可惜江湖上的家伙都不明白其中的妙处。"

《侠客行》第十回，紫烟岛上，丁不三与雪山派高手白万剑比武，白万剑的师弟们想插手……顷刻之间，丁不三连杀雪山派三弟子，眼见又有两人冲来，急忙向兄弟丁不四呼救："老四，你来打发，我今天已杀了三人！"

你看，丁不三言出如山，说到做到，说是一天只杀三个，绝不杀第四个，原则性是很强的。但他原则性再强，终究也是性情残忍、十恶不赦的凶犯。如果身处现代法治社会，他一定会被警察叔叔抓起来，然后检察院提起公诉，法院判刑，一点儿悬念都没有。

丁不三生活在哪个时代？不知道。他是虚构的人物，只在《侠客行》里活着，而《侠客行》是一部没有交代时代背景的武侠作品。假如我们把《侠客行》的时代背景拼命往前推，一直推到原始社会；或者时间不变，只换空间，将丁不三扔进某个与世隔绝的蛮荒部落。我们将会发现，丁不三的"原则性"会失效，因为他极有可能变得"不识数"，只知道一和二，却不知道世界上竟然还有"三"这个数字。

19世纪中叶，英国探险家弗朗西斯·高尔顿（Francis Galton，1822年—1911年）抵达新西兰，遇见了一个游牧部落，该部落的居民不能理解零，也不能理解三，只知道天底下有两个数，要么是一，要么是二。在那个部落，高尔顿与牧民做交易，用他的烟草换对方的羊。

因为互相听不懂对方的语言，只能打手势。高尔顿把烟草放在地上，分成一小包一小包的，牧民则把羊群赶到高尔顿面前，双方沟通大致如下：

"一包烟换一只羊行吗？"

"不行！"

"两包烟换一只羊？"

"那还差不多。"

"好，我这儿总共有六包烟，都给你，你给我三只羊。"

牧民挠挠头，懵了。

"这样吧，我给你四包烟，你给我两只羊。"

牧民继续挠头。

高尔顿以为那牧民很笨，便把部落头领请过来当仲裁。哪知头领也懵懂，实在搞不懂四包烟是多少——只要是超过二的数，三也好，四也好，在这些牧民心目中都一样，都是"很多"。

最后只能分批交易：高尔顿交给牧民两包烟，牧民牵给他一只羊；高尔顿再交给牧民两包烟，牧民再牵给他一只羊；高尔顿再拿出两包烟，牧民再给他一只羊。

交易完成，还是六包烟换三只羊，不过却要交换三次。

那牧民觉得很划算，眉飞色舞，向族人比比画画，呜里哇啦地夸耀。高尔顿看得出来，人家应该是这样说的：

"瞧见没？我用一只羊换了两包这个，然后又用一只羊换了两包这个，然后又用一只羊换了两包这个……"

"真不错，你们交易了多少次？"

"哦，算不清了，很多次！"

# 一生二，二生三，三生万物

弗朗西斯·高尔顿在新西兰遇见的游牧部落，可能跟澳洲土著毛利人一样，都属于南岛人的一支。南岛人是早在人类蒙昧时期就从亚洲大陆或者南亚次大陆迁徙过去的，由于迁徙之后与世隔绝，人口规模又小，文明传播和知识积累都受到限制，不可能像欧亚大陆文明以及中美洲文明那样，独立发展出光彩夺目的数学思想和计算技能。但是这与人种无关，也与智商无关，因为生活在欧亚大陆上的早期人类也很蒙昧，对稍微大一些的数字也没有感觉。

《道德经》有云："道生一，一生二，二生三，三生万物。"在数学家看来，这句话很可能就是信史以前中国先民只知一二不知三四的遗风。什么是三？就是很多。三生万物，就是说从三往后的数都是很多很多。

我们知道，最小的原始部落也有几十人，大一些的部落有几千人，如果分不清比三还大的数，几万年前的部落头领要怎样领导这么多人呢？让大家站成一排报数？那结果肯定是这样：

一，二，很多，很多，很多，很多……

或者是这样：

一，二，三，很多，很多，很多，很多……

其实用不着报数，第二次世界大战期间，印度尼西亚群岛上一个部落酋长向殖民者演示了他的计数方式：头天早上，族人出去做工，每走出一个人，酋长就在地上放一枚贝壳；晚上收工，族人回来，每回来一个人，酋长就从地上捡起一枚贝壳；次日早上，继续上工，每走出一个人，就在地上放一枚贝壳，晚上回来，再从地上捡起一枚贝壳……如此这般，循环往复。

如果酋长在收工后发现地上还有一枚贝壳，就说明有一个族人没回来。如果有两枚贝壳，就说明有两个族人没回来。如果有三枚贝壳呢？酋长大概会惊叫起来："哇，很多人丢了！"

沿着这位酋长的思路，我们不妨再想象一下，几万年前，旧石器时代，只知一二不知三四的原始人该怎样做交易。比如说，一个部落主要搞狩猎，另一个部落主要搞采集，狩猎部落用兽皮向采集部落交换粮食，一张兽皮换一捧粟米。狩猎部落有三十张兽皮，以他们的数学知识，肯定数不清是多少，只能一张一张地拿出来，每拿出一张，就在地上放一块石头；采集部落有五十捧粟米，他们也数不清，只能一捧一捧地运到另一个地窖里，每取出一捧，就在地上放一根树枝。查完了各自的家底，双方正式交换：我给你一张兽皮，然后从地上拿起一块石头；你给我一捧粟米，然后从地上拿起一根树枝……交换完毕，狩猎部落这边的石头取完了，采集部落那边的树枝还有剩余，那些剩余的树枝，就代表他们剩余的粮食。究竟剩余多少粮食呢？数不清，很多很多，但是一点儿也不影响下一次再做交易。

也就是说，即使生活在连三都不认识的蒙昧时代，人类照样可以生存，可以协作，可以分工和交易，只不过看上去很麻烦，很烦琐，很费时间和精力。

人类社会继续进化，人口规模越来越大，交易形式越来越多，逼着人类去使用较大的数字。于是，三出现了，四出现了，百、千、万、亿陆续出现。这些"大数"不在人类的本能之列，不是人类脑海里天然就有的，它们都是被"发明"出来的，属于后天习得的知识。而在那些与世隔绝的小规模人群当中，不存在复杂的分工和交易，不需要发明"大数"，所以他们的数字意识才会显得特别落后。

现在地球上的所有国家的所有国民，无论其国家发达还是欠发达，无论白种人、黑种人还是黄种人，都处于生物进化树上同一根小树杈的末端，都被称为智人。至少五万年前，晚期智人出现了，一出现就会用火，会制造工具，会分工协作，会用丰富的语言进行沟通。但是，要到最近一万年以内，人类才发明文字和数字。考古发现的数字符号，例如两河流域的楔形数字、中美洲的玛雅数字，以及中国仰韶文化陶器上的数字、良渚文化石器上的数字，还有甲骨文里的数字（图 2-1），距今都只有几千年历史。

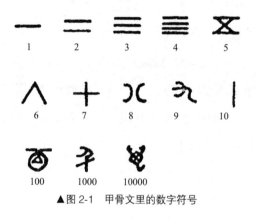

▲图 2-1　甲骨文里的数字符号

幸运的是，数字出现得虽很晚，数学发展得却很快，并且是越来越快。就像计算机那样，从最早的计算机诞生到现在，还不到一个世纪，如今却能在各个行业发挥着越来越大的作用，推动着各个领域的飞跃发展，让绝大多数产业发生突变，让福布斯富豪榜单上的许多名字被互联网科技巨头替代，同时也让越来越多的传统行业从业者被迫改行、被迫学习或者被迫失业。

## 掰手指做乘法

迄今为止，计算机是人类发明的最快的计算工具。我们算乘方，算开方，算级数，算阶乘，解高次方程，解不定方程，证明四色定理，制作三角函数表和常用对数表，为某个超级巨大的合数分解质因数，把圆周率推算到小数点后多少亿位，或者根据海量的气象数据预测天气，如果纯靠人工，往往穷年累月，甚至耗尽毕生精力也算不完。但如果交给计算机，只要编程正确，算法合理，那可真叫雷鸣电闪，分分钟给出正确结果。

计算机出现之前呢？中国有算筹，有算盘，西方有纳皮尔算盘（利用格子和对角线错位相加，将多位数乘法进行简化的计算工具，形如棋盘，见图2-2），有各种各样的机械加法器。这些都是比较原始的计算工具，速度和功能当然比计算机逊色多了。

▲图 2-2 苏格兰数学家纳皮尔以及他发明的纳皮尔算盘

算筹、算盘和欧美各种加法器出现之前呢？只能随随便便从地上捡起一些贝壳、石子或者干树枝，先规定一枚贝壳代表多少，一颗石子代表多少，一根树枝又代表多少，然后再进行加减乘除。不过细想一下，这些贝壳、石子、树枝也属于计算工具。它们不像算盘和算筹那样专门用作计算，但是当你用它们计数和算数的时候，它们肯定是工具，用来计算的工具。

如果连贝壳、石子和树枝也没有呢？只能心算吗？不，我们还有一种天然生成、随身携带的计算工具——手指。

用手指做加减，是幼儿园小朋友都能掌握的技能。伸出一根指头，代表 1；再伸一根指头，表示加 1；蜷起一根指头，表示减 1。想算 3+2，左手伸三根指头，右手伸两根指头，再数一数：一、二、三、四、五。好了，3+2=5。想算 5-3，先伸出五根指头，再蜷起其中三根，数一数还剩几根：一、二。所以，5-3=2。

每个正常人都只有一双手，一双手只有十根指头，如果一根手指只能代表 1，那就只能计算十以内的加减法。想算 11+3，糟了，手指头不够用，还得把鞋和袜子脱了，加上脚趾头，太麻烦。怎样用手指搞定十以上的加减呢？很多小朋友学过手心算，让不同的手指代表不同的数字：右手大拇指代表 5，其他四根指头各代表 1，把右手伸开，5 加 4，代表 9；左手更厉害，大拇指代表 50，其他四根指头各代表 10，把左手伸开，50 加 40，代表 90。

手心算可以处理两位数的加减。例如计算 31+13，把左手中指、小指、无名指伸出来，这是 30，再伸出右手小指，合起来就是 31；再伸出左手食指，表示加 10；再伸出右手食指、中指、无名指，表示加 3；现在两只手的手势都一样，都是除了拇指，其他四根指头都伸出来了，左手那四根指头代表 40，右手那四根指头代表 4，40 加 4，等于 44。

这一招能算加减，却不能算乘除。遇到乘除怎么办？同样可以用手指。比如说，8×9，左手拇指和食指蜷起来，伸出中指、小指、无名指，这表示 8；右手拇指蜷起，伸出四根指头，这表示 9；现在数一数伸出来的指头，左手三根，右手四根，3 加 4，等于 7，说明乘积的十位是 7；再用左手蜷曲的手指去乘右手蜷曲的手指，左手 2，右手 1，2×1，等于 2，说明乘积的个位是 2；十位是 7，个位是 2，所以 8 和 9 的乘积是 72。

您可能会说，这也太麻烦了吧？把乘法口诀背熟就行了，八九七十二，脱口而出，为什么还要掰指头呢？是的，如果有乘法口诀，个位数相乘当然简单，可如果生活在乘法口诀还没诞生的时代呢？

古代中国人很早就会背乘法口诀。唐朝数学文献《立成算经》里有一张九九乘法表（图 2-3），背出来是这样的："九九八十一，八九七十二，七九六十三，六九五十四，五九四十五，四九三十六，三九二十七，二九一十八，一九如九……六六三十六，五六三十，四六二十四，三六一十八，二六一十二，一六如六……二二如四，一二如二，一一如一。"

六六三十六

五六三十

四六二十四

三六一十八

二六一十二

一六如六

▲图 2-3　唐代《立成算经》里的九九乘法表（局部）

　　跟现代小学生背诵的九九乘法表相比，这张乘法表有两点不同。第一，顺序不一样，现代乘法表从低位到高位，从一一到九九，这张乘法表却是从高位到低位，先背九九八十一，最后才是一一得一；第二，个别表述不一样，我们背的是"一一得一"，唐朝人背的是"一一如一"。除了这两点，别的地方没有任何区别。

　　九九乘法表的诞生时间其实比唐朝还要早，湖南龙山县里耶镇出土过一大批秦朝竹木简，其中几根木简上用毛笔书写着清晰的乘法表，也是从"九九八十一"开始写起，一直写到"一一如一"。可以想象一下，秦始皇跟财政大臣讨论国库的积蓄，当财政大臣说到"我大秦平均每年进账两个亿"的时候，秦始皇肯定飞快地做着心算："朕登基已四年，每年两个亿，二四如八，现在国库里该增加了八个亿。"如图 2-4 所示，这几块木简出土于湘西龙山县里耶镇，是迄今发现的世界上最早最完整的九九乘法表考古实物。

▲图 2-4　秦朝木简上的九九乘法表

从秦朝到今天，中国人背诵的乘法表一直都是九九表，碰到十以上的乘法，必须动动脑子。手边如果没有计算器，就得用笔在纸上写写画画；如果没有纸笔，就得摆弄算筹或算盘；如果连算筹和算盘也没有，那就得心算了。心算容易出错，关键时刻还得请手指头仗义相助。

古印度数学发达，那些在汉唐时期东来传经的印度高僧都擅长在手指辅助下做心算。举个例子，计算 19 乘以 13，印度僧人会这么算：先让 19 加 3，得到 22；再让 22 乘以 10，得到 220；再拿 9 乘 3，得到 27；最后让 220 加 27，就得到了 19 和 13 的乘积 247。

在上述计算过程中，9 乘 3 用乘法口诀做心算，多位数的加法（19+3 和 220+27）可以用手指来搞定。怎么搞定呢？就像现代幼儿园小朋友做手心算一样，让不同的手指表示不同的数字，蜷回去，伸出来，数一数，出结果。

19 乘以 13，超级简单的两位数乘法，背过 19×19 乘法表（图 2-5）的印度小朋友可以马上给出答案。中国小朋友没背过 19×19 乘法表，在纸上列个竖式，也能很快搞定。那些印度高僧为什么不列竖式呢？因为他们手头没有纸。汉唐时期，中国倒是有纸，但生产成本太高，纸太贵，在纸上做笔算是一种比较奢侈的行为，还是用手指最划算。手长在自己身上，又不用花钱，对不对？

| | 11 | 12 | 13 | 14 | 15 | 16 | 17 | 18 | 19 | |
|---|---|---|---|---|---|---|---|---|---|---|
| 1 | 11 | 12 | 13 | 14 | 15 | 16 | 17 | 18 | 19 | 1 |
| 2 | 22 | 24 | 26 | 28 | 30 | 32 | 34 | 36 | 38 | 2 |
| 3 | 33 | 36 | 39 | 42 | 45 | 48 | 51 | 54 | 57 | 3 |
| 4 | 44 | 48 | 52 | 56 | 60 | 64 | 68 | 72 | 76 | 4 |
| 5 | 55 | 60 | 65 | 70 | 75 | 80 | 85 | 90 | 95 | 5 |
| 6 | 66 | 72 | 78 | 84 | 90 | 96 | 102 | 108 | 114 | 6 |
| 7 | 77 | 84 | 91 | 98 | 105 | 112 | 119 | 126 | 133 | 7 |
| 8 | 88 | 96 | 104 | 112 | 120 | 128 | 136 | 144 | 152 | 8 |
| 9 | 99 | 108 | 117 | 126 | 135 | 144 | 153 | 162 | 171 | 9 |
| 10 | 110 | 120 | 130 | 140 | 150 | 160 | 170 | 180 | 190 | 10 |
| 11 | 121 | 132 | 143 | 154 | 165 | 176 | 187 | 198 | 209 | 11 |
| 12 | 132 | 144 | 156 | 168 | 180 | 192 | 204 | 216 | 228 | 12 |
| 13 | 143 | 156 | 169 | 182 | 195 | 208 | 221 | 234 | 247 | 13 |
| 14 | 154 | 168 | 182 | 196 | 210 | 224 | 238 | 252 | 266 | 14 |
| 15 | 165 | 180 | 195 | 210 | 225 | 240 | 255 | 270 | 285 | 15 |
| 16 | 176 | 192 | 208 | 224 | 240 | 256 | 272 | 288 | 304 | 16 |
| 17 | 187 | 204 | 221 | 238 | 255 | 272 | 289 | 306 | 323 | 17 |
| 18 | 198 | 216 | 234 | 252 | 270 | 288 | 306 | 324 | 342 | 18 |
| 19 | 209 | 228 | 247 | 266 | 285 | 304 | 323 | 342 | 361 | 19 |

▲图 2-5　印度学生必须背诵的 19×19 乘法表

用手指做计算，简称"指算"。我们有理由相信，几千年前的几个数学文明中心，包括中国、印度、埃及、两河流域，初创阶段缺乏计算工具，应该都盛行指算。假如我们穿越到几千年前，看见两个人面对面坐着，用手指比比画画，请不要想到划拳喝酒，人家可能正做题呢！

## 绝顶剑法不是剑，而是算

说到指算的威力，熟悉金庸武侠的读者可能会想起一个人。

这个人是女生，是华山派掌门岳不群的女儿，也是令狐冲的小师妹和初恋情人，名叫岳灵珊。

《笑傲江湖》第三十三回，五岳剑派聚会嵩山绝顶，各派相约比剑夺帅，岳灵珊第一个出战，用似是而非的泰山剑法对阵泰山派高手玉音子，原文描写如下。

玉音子心中一凛："岳不群居然叫女儿用泰山剑法跟我过招。"一瞥眼间，只见岳灵珊右手长剑斜指而下，左手五指正在屈指而数，从一数到五，握而成拳，又将拇指伸出，次而食指，终至五指全展，跟着又屈拇指而屈食指，再屈中指，登时大吃一惊："这女娃娃怎的懂得这一招'岱宗如何'？"

　　玉音子在三十余年前，曾听师父说过这一招"岱宗如何"的要旨，这一招可算得是泰山派剑法中最高深的绝艺，要旨不在右手剑招，而在左手的算数。左手不住屈指计算，算的是敌人所处方位、武功门派、身形长短、兵刃大小，以及日光所照高低等，计算极为繁复，一经算准，挺剑击出，无不中的。当时玉音子心想，要在顷刻之间，将这种种数目尽皆算得清清楚楚，自知无此本领，其时并未深研，听过便罢。他师父对此术其实也未精通，只说："这招'岱宗如何'使起来太过艰难，似乎不切实用，实则威力无俦。你既无心详参，那是与此招无缘，也只好算了。你的几个师兄弟都不及你细心，他们更不能练。可惜本派这一招博大精深、世无其匹的剑招，从此便要失传了。"玉音子见师父并未勉强自己苦练苦算，暗自欣喜，此后在泰山派中也从未见人练过，不料事隔数十年，竟见岳灵珊这样一个少妇使了出来，霎时之间，额头上出了一片汗珠。

　　他从未听师父说过如何对付此招，只道自己既然不练，旁人也决不会使这奇招，自无须设法拆解，岂知世事之奇，竟有大出于意料之外者。情急智生，自忖："我急速改变方位，蹿高伏低，她自然算我不准。"当即长剑一晃，向右滑出三步，一招"朗月无云"，转过身来，身子微矮，长剑斜刺，离岳灵珊右肩尚有五尺，便已圈转，跟着一招"峻岭横空"，去势奇疾而收剑极快。只见岳灵珊站在原地不动，右手长剑的剑尖不住晃动，左手五指仍是伸屈不定。玉音子展开剑势，身随剑走，左边一拐，右边一弯，越转越急。

　　这路剑法叫作"泰山十八盘"，乃泰山派昔年一位名宿所创，他见泰山三门下十八盘处羊肠曲折，五步一转，十步一回，势甚险峻，因而将地势融入剑法之中，与八卦门的"八卦游身掌"有异曲同工之妙。泰山"十八盘"越盘越高，越行越险，这路剑招也是越转越加狠辣。玉音子每一剑似乎均要在岳灵珊身上对穿而过，其实自始至终，并未出过一招真正的杀着。

　　他双目所注，不离岳灵珊左手五根手指的不住伸屈。昔年师父有言："这一招'岱宗如何'，可说是我泰山剑法之宗，击无不中，杀人不用第二招。剑法而到这地步，已是超凡圣人。你师父也不过是略知皮毛，真要练到精绝，那可谈何容易？"想到师父这些话，背上冷汗一阵阵地渗了出来。

论真实武功，岳灵珊比玉音子差得远，她却击倒了玉音子，还在玉音子的师兄玉磬子大腿上砍了一剑。岳灵珊凭什么一举打败泰山派两大高手呢？凭借两大法宝。

法宝一，她机缘巧合，在一个山洞里学到了泰山派早已失传的几式绝招，出其不意使出来，让玉音子和玉磬子措手不及。

法宝二，她右手持剑，左手掐剑诀（图2-6），那剑诀很是独特——别人掐剑诀，始终保持固定的手势，而她左手那五根手指在"不住伸屈"，表现出单手掐算的架势，让对手误以为她会用泰山派的绝顶神功"岱宗如何"，然后就吓坏了，战斗值陡然下降，逼近零点。

▲图2-6　影视剧里最常见的剑诀是这种手势

按照金庸先生的叙述，岳灵珊假装会使的那一招"岱宗如何"，并非剑法，而是算法。算什么？算出敌人的方位和策略，决定自己下一招如何出剑。只要算出结果，就能一招制敌。怎么算呢？指算，用单手做指算。

小朋友掰指头数数，做手心算，古印度人用指头做乘法，一般都是双手，岳灵珊了不起，她单手计算。更厉害的是，她要算的可不是加减乘除那么简单，还要算"敌人所处方位、武功门派、身形长短、兵刃大小，以及日光所照高低"，这里面应该涉及三角函数和微积分，放在今天工程领域，是要依靠计算机编程的。

岳灵珊全靠指算，竟能搞定如此复杂的计算，堪称数学天才。天才数学家高斯被世人誉为"数学王子"，岳灵珊则应该被誉为"数学公主"。

　　玉音子会不会指算呢？不知道。反正他没有学会那招"岱宗如何"，他有自知之明："要在顷刻之间，将这种种数目尽皆算得清清楚楚，自知无此本领。"能练成如此奇招的江湖人，都是"超凡圣人"，岳灵珊使出此招，那肯定超凡入圣啊！谁敢跟她打？

　　当然，岳灵珊并没有练成"岱宗如何"，她只是伸屈手指做做样子，给对手造成假象，让人以为她真的是指算高手。

## 毕达哥拉斯的数字崇拜

说到对数字的迷信，很多人并不陌生。生活当中，大多数朋友都不喜欢4这个数字，因为4的谐音是"死"。因为太多人讨厌4，所以有的医院病房干脆没有四楼，三楼上面就是五楼。

我们讨厌4，却喜欢8，因为8的谐音是"发"，发财的发。很多生意人，手机号码有一堆8，汽车牌照是一排8，为了让8更多，不惜额外花一笔钱，去买别人的号码。

最近几年，听说某些公务人员喜欢7，宁可让自己的手机号码和汽车牌照多一些7，少一些8。因为有一个成语"七上八下"，7是往上去的，能高升；8是往下走的，会被降级。

9在中国也是吉利数字。9，谐音"久"，象征长久。男孩子送女孩子玫瑰花，通常是9朵、99朵或者999朵。老公给老婆微信转账发红包，除了发520（谐音

"我爱你"），就是发 999。9 越多，爱情越久。另外，我们还喜欢 6，因为"六六大顺"，6 代表顺利，一帆风顺，万事如意。

语言不同，文化不同，迷信的数字也不同，但对数字的迷信程度都是一样的。我们知道，日本人不喜欢 9，因为 9 在日语里的发音近似于"苦"。9 一多，人就要多吃苦，就要过苦日子。我们还知道，英语文化里的 13 不是吉利数，13 号再碰上星期五，叫作"黑色星期五"，因为星期五是早期英国的行刑日，耶稣在星期五那天被钉上十字架，而 13 则是魔鬼的数字。

古希腊有一个神秘的数学教派，由数学家毕达哥拉斯（Pythagoras，约公元前 580 年—前 500 年）创立，叫作毕达哥拉斯学派。该教派对数字的迷信程度最深，对数字的讲究最多，属于典型的数字崇拜。

毕达哥拉斯学派活跃在两千多年前，与中国的孔子和孟子处于同一历史时期。现有文献显示，该派门规森严，以一颗五角星为标记，所有门徒必须奉毕达哥拉斯为教主。教主手握生杀大权，能处死违反旨意的成员。门徒在数学上搞出研究成果，不能独立发表，必须以毕达哥拉斯的名义发表。

该教派还有许多奇特的禁忌，例如不吃肉，不吃豆子，不能跨坐在门槛上，不能打猎和穿有皮毛的衣服，只穿白色的衣服。单看食素和穿白这两点，毕达哥拉斯学派很像《倚天屠龙记》里的明教。不过，明教在张无忌当教主之前就搞过改革，一些教徒是可以吃肉的。

毕达哥拉斯学派认为所有的数字都有寓意，甚至有神性。例如 1 是万物的起源，2 代表女人，3 代表男人，5 代表婚姻，6 表示寒冷，7 表示健康。5 代表婚姻，可能是因为 5 等于 2 加 3，2 是女人，3 是男人，男女结合，就是婚姻。6 和寒冷有什么关系呢？7 和健康有什么关系呢？目前未见解释，毕达哥拉斯必定有他独特的理解。

中国人喜欢 36，因为 36 是 6 和 6 的乘积，六六三十六，六六大顺。巧合的是，毕达哥拉斯也喜欢 36。不，他岂止喜欢，简直是崇拜 36。他说："如果把全世界的数字堆砌一个无限高的高塔，那么塔尖就是 36，36 是最完美的完美数。"36

为什么完美呢？因为世界是由四个奇数和四个偶数构成的，这四个奇数是 1、3、5、7，四个偶数是 2、4、6、8，把它们加起来，和是 36，即

1+3+5+7+2+4+6+8=36。

问题是，凭什么说世界是由 1、3、5、7 和 2、4、6、8 构成呢？毕达哥拉斯必定也有他独特的理解。

还有一组数，6、28、496……不像 36 那么完美，但也很美，它们叫作"完全数"。毕达哥拉斯认为，如果一个数的真因数（包括 1 但不包括它自身的因数）加起来，还等于这个数，那么这个数就是完全数。把 6 的真因数 1、2、3 加起来，刚好等于 6，所以 6 是完全数；把 28 的真因数 1、2、4、7、14 加起来，刚好等于 28，所以 28 是完全数；把 496 的真因数 1、2、4、8、16、31、62、124、248 加起来，刚好等于 496，所以 496 也是完全数。

如果你学过编程，不妨动手写一个分解因数并将真因数求和，进而判断真因数之和与该数本身是否相等的小程序，试着寻找更多的完全数。我找到了这么几个：

8128、33550336、8589869056、137438691328、2305843008139952128。

毕达哥拉斯肯定没见过计算机，他全靠手算来找完全数，算起来旷日持久，但是他乐此不疲。他还总结出了完全数的一些神奇特征，比如个位上总是 6 或者 8，比如每个完全数都恰好等于从 1 到 $n$ 一系列相邻数的和，数学上称为"级数和"。

不妨验证一下：

6=1+2+3

28=1+2+3+4+5+6+7

496=1+2+3+4+5+6+7+8+…+31

8128=1+2+3+4+5+6+7+8+9+…+127

在我等凡夫眼中，数字就是数字，抽象，枯燥，冷冰冰。在毕达哥拉斯眼里，数字有温度，有血肉，每一个数字都能通灵，一个数字甚至还能爱上另一个数字，这样的一对数字叫作"亲和数"，又叫"完美恋人"。

什么样的两个数能成为恋人呢？设有数字 $a$ 和数字 $b$，如果 $a$ 的真因数之和

等于 b，b 的真因数之和也等于 a，那么 a 和 b 就能成为恋人，也就是一对亲和数。

举例言之，220 的真因数包括 1、2、4、5、10、11、20、22、44、55、110，将这些真因数相加，等于 284；而 284 的真因数包括 1、2、4、71、142，将这些真因数相加，等于 220。所以，220 和 284 是一对恋人。

再比如说，1184 的真因数包括 1、2、4、8、16、32、37、74、148、296、592，真因数之和是 1210。1210 的真因数包括 1、2、5、10、11、22、55、110、121、242、605，真因数之和是 1184。所以 1184 和 1210 也是一对恋人。

还是那句话，毕达哥拉斯没见过计算机，寻找完全数也好，寻找亲和数也罢，全靠手算。其实他只找到了一对亲和数，就是 220 和 284。现在我们靠计算机帮忙，至少能找到上亿对亲和数，其中绝大多数亲和数都大得惊人。在从 1 到 10000 这个区间内，只有 5 对亲和数，它们分别是 220 和 284、1184 和 1210、2620 和 2924、5020 和 5564、6232 和 6368。除了这 5 对以外，剩下 9990 个数都不是亲和数。套用一句比较煽情的话：茫茫人海，真爱无多，如若有缘，不要错过。

数字就是数字，它们没有灵魂，毕达哥拉斯及其学派认定数字可通灵，我们绝不会痴迷到这个程度。那么试问一下，如此费尽苦心为数字命名，如此大动干戈去寻找完全数或者亲和数，到底有什么意义呢？能让庄稼丰收吗？能拿来指导生产和生活吗？

还真能。

毕达哥拉斯学派研究的主要是自然数（传说某个门徒发现了无理数，毕达哥拉斯认为这离经叛道，惑乱人心，指示其他门徒将其杀死），主要探讨自然数的性质和规律，他这个门派的学问在今天属于数论的范畴。数论是纯而又纯的纯数学，纯数学并不考虑实际用途，只是纯粹的智力游戏。在一些数学家看来，只有纯数学才是真正的数学（现在也有文学家坚称"只有纯文学才是真正的文学"），才具备永恒之美，如果为了应用而研究，那就落了下乘。毕达哥拉斯死后，另一个数学家欧几里得（Euclid，约公元前 330 年—前 275 年）也非常鄙视数学的实用性。大家想必都听过那个著名的故事：某个学生向欧几里得请教，学几何有什么用，欧几里得当场给那个学生一块钱币，让人家回家去了。

但是，正因为有一代又一代数学家耗尽毕生精力去进行这些纯粹的智力游戏，才奠定了数学大厦的基石，才能发展出各个分支的应用数学，才能衍生出威力惊人的数学工具，古代工程师才有本事计算那些看上去根本无法计算的宽度、面积和土方，现代科学家才有机会在航天、通信、人工智能等科技领域大显身手，我们才能有手机可用，有游戏可玩，有高铁和飞机可供乘坐。

也就是说，许多数学研究都是无用之用。无用之用，方有大用。

# 第三章
# 负负得正

## 桃谷六仙的年龄

《笑傲江湖》第二十六回，令狐冲率领江湖好汉赶赴少林，去营救日月神教的"圣姑"任盈盈，中途经过武当山，无意中与武当掌门比了一回剑法。武当掌门道号冲虚，年近古稀，令狐冲正是年轻力壮之时，双方都使出自己最得意的功夫，最后没分出输赢，停手不比了。

旁观者当中有六个人，是一奶同胞的六兄弟，相貌丑陋，智力平庸，不通世故，但武功卓绝，人称"桃谷六怪"，又叫"桃谷六仙"。江湖上很多人都不知道这六兄弟的真实姓名，只知道他们分别叫作桃根仙、桃干仙、桃枝仙、桃叶仙、桃花仙、桃实仙。

令狐冲与武当掌门比武，虎头蛇尾，桃谷六仙很是失望。桃实仙问道："那老头跟你比剑，怎么没分胜败，便不比了？"

令狐冲很谦虚："这位前辈剑法极高，再斗下去，我也必占不到便宜，不如不打了。"

桃实仙道:"你这就笨得很了。既然不分胜败,再打下去你就一定胜了。"

令狐冲笑道:"那也不见得。"桃实仙说:"怎么不见得?这老头的年纪比你大得多,力气当然没你大,时候一长,自然是你占上风。"

听桃实仙这么一说,桃根仙不满意了,反驳道:"为什么年纪大的,力气一定不大?"兄弟桃干仙跟着反驳:"如果年纪越小,力气越大,那么三岁小孩的力气就最大了?"另一兄弟桃花仙说:"这话不对,三岁小孩力气最大这个'最'字,可用错了,两岁孩儿比他力气更大。"桃叶仙接着这个逻辑往下推:"还没出娘胎的孩儿,力气最大!"

桃谷六仙是六胞胎,肯定同岁,按出生早晚排序,桃根仙是老大,桃干仙是老二,桃枝仙是老三,桃叶仙是老四,桃花仙是老五,桃实仙是老六。年龄最小的桃实仙宣称:"这老头的年纪比你大得多,力气当然没你大。"那么年龄最大的桃根仙当然不高兴,然后桃干仙、桃花仙、桃叶仙等人斗嘴,用诡辩术推导出"两岁小孩比三岁小孩力气大""还没出娘胎的孩儿力气最大"等谬论。

还没出娘胎的孩儿,年龄是多大呢?古代中国没有"零岁"这个概念,小宝宝一出生,就是一岁。还没出娘胎呢?当然小于一岁,那就是零岁。从一岁往前推,怀胎头月的年龄是零岁一个月,怀胎第二个月的年龄是零岁两个月,怀胎第三个月的年龄是零岁三个月……常人都是"十月怀胎,一朝分娩",所以在娘胎里长到零岁十个月,呱呱落地,一落地就是一岁。一年有十二个月,零岁十个月刚过,就突然变成一岁,从数学上看,这很不合理,对不对?

还有更不合理的——少数胎儿早产,八个月就出生,零岁八个月刚过,就一岁了。极少数胎儿晚产,还有传说十三个月才出生的。照理说,十三个月已经超过一年,不能还是零岁十三个月,得是一岁零一个月。但是按照古人的标准,不管在娘胎里待多长时间,一出生就是一岁。

所以,咱们现代人计算年龄的规则相对靠谱一些:出生时是零岁,怀胎时则是负岁。将出生那一刻的时间点定为0,画一个数轴,出生后满月是1月,出生后周岁是 1 岁；出生前也好记，"–1 月"表示离出生还有一个月，"–2 月"表示离出生还有两个月，"–10 月"表示离出生还有十个月。无论是早产的胎儿还是晚产的胎儿，他们的年龄都能被清清楚楚地刻画在这根数轴上（图 3-1）。

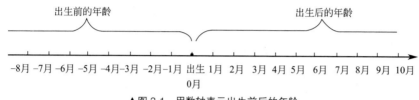

▲图 3-1　用数轴表示出生前后的年龄

古人会用负数表示年龄吗？绝对不会。但在古代中国数学家心目中，负数不仅是存在的，而且还经常被拿来用，主要用来给方程组求解。

## 汉朝人怎样解方程组?

我们看看汉朝数学家怎样解方程组:

"今有上禾三秉,中禾二秉,下禾一秉,实三十九斗;上禾二秉,中禾三秉,下禾一秉,实三十四斗;上禾一秉,中禾二秉,下禾三秉,实二十六斗。问上、中、下禾实一秉各几何?"(图3-2)

这道题出自古代中国著名的数学典籍《九章算术》,成书于汉朝。禾是稻子,秉是"捆""束"的意思,将上述文言翻成大白话,意思是这样的:

优质稻子3捆,普通稻子2捆,劣质稻子1捆,能碾39斗米;

优质稻子2捆,普通稻子3捆,劣质稻子1捆,能碾34斗米;

优质稻子1捆,普通稻子2捆,劣质稻子3捆,能碾26斗米。

如果有优质稻子、普通稻子、劣质稻子各1捆,各能碾多少米呢?

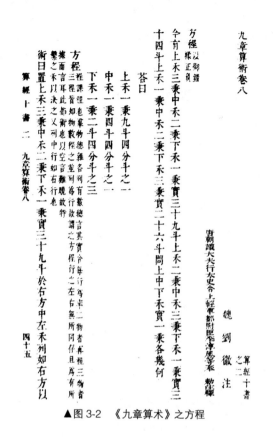

▲图 3-2　《九章算术》之方程

让初中生解这道题，会用 $x$、$y$、$z$ 分别代表优质稻子、普通稻子、劣质稻子各 1 捆所能碾出的稻米，然后列方程组如下：

$$\begin{cases} 3x+2y+z=39 \\ 2x+3y+z=34 \\ x+2y+3z=26 \end{cases}$$

这个方程组怎么解呢？需要逐个消元，各方程左右项分别乘以某个常数：

$$\begin{cases} 6x+4y+2z=78 & ① \\ 6x+9y+3z=102 & ② \\ 6x+12y+18z=156 & ③ \end{cases}$$

拿②减①，得到④ $5y+z=24$。拿③减②，得到⑥：$3y+15z=54$。将 $5y+z=24$ 的左右项各乘以 15，得到⑦：$75y+15z=360$。

拿⑦减⑥，得到 $72y=306$，求出 $y=4.25$。

再将 $y$ 的值代入 $5y+z=24$，求出 $z=2.75$。

最后将 $z$ 和 $y$ 的值代入 $x+2y+3z=26$，求出 $x=9.25$。

$x$、$y$、$z$ 分别是 9.25、4.25、2.75，说明 1 捆优质稻子能碾 9.25 斗米，1 捆普通稻子能碾 4.25 斗米，1 捆劣质稻子能碾 2.75 斗米。

汉朝数学家解方程组，也要逐个消元，但是过程特别麻烦。他们必须用算筹在地上摆出一个矩阵，该矩阵可用阿拉伯数字表示如下：

$$
\begin{array}{ccc}
1 & 2 & 3 \\
2 & 3 & 2 \\
3 & 1 & 1 \\
26 & 34 & 39
\end{array}
$$

右边那列 3、2、1、39，表示 3 捆优质稻子、2 捆普通稻子、1 捆劣质稻子能碾 39 斗米，相当于方程 $3x+2y+z=39$。

中间那列 2、3、1、34，表示 2 捆优质稻子、3 捆普通稻子、1 捆劣质稻子能碾 34 斗米，相当于方程 $2x+3y+z=34$。

左边那列 1、2、3、26，表示 1 捆优质稻子、2 捆普通稻子、3 捆劣质稻子能碾 26 斗米，相当于方程 $x+2y+3z=26$。

汉朝数学家通过变换矩阵来消元。《九章算术》里记载的第一步变换是"以右行上禾，遍乘中行"，也就是用右列第一项的数字 3，去乘中间那列的每一项。乘过以后，原始矩阵变换如下：

$$
\begin{array}{ccc}
1 & 6 & 3 \\
2 & 9 & 2 \\
3 & 3 & 1 \\
26 & 102 & 39
\end{array}
$$

然后让中列每一项减去右列对应项的某个常数倍（这里取 2 倍），矩阵变换成：

|    |    |    |
|----|----|----|
| 1  | 0  | 3  |
| 2  | 5  | 2  |
| 3  | 1  | 1  |
| 26 | 24 | 39 |

然后"又乘其次，亦以直除"，将左边那列也乘以某个常数（这里乘以 3），让左列减右列，得到：

|    |    |    |
|----|----|----|
| 0  | 0  | 3  |
| 4  | 5  | 2  |
| 8  | 1  | 1  |
| 39 | 24 | 39 |

然后"以中行中禾不尽者遍乘左行，而以直除"，让左列乘以中列未消去的中间项 5，再减去中列各项的某个常数倍（这里取 4 倍），得到：

|    |    |    |
|----|----|----|
| 0  | 0  | 3  |
| 0  | 5  | 2  |
| 36 | 1  | 1  |
| 99 | 24 | 39 |

经过以上四步变换，左列数字出现了两个零，相当于消去了两个未知数，只剩下 36 和 99，相当于 $36z=99$。99 除以 36，得到 $z=2.75$。

沿用前面的变换方法继续消元，并代入求解，得到 $x=9.25$，$y=4.25$，方程组被完整求解。

汉朝还没有小数，汉朝数学家只能用分数来表示小数。在《九章算术》里，这道题的答案是"上禾一秉，九斗四分斗之一；中禾一秉，四斗四分斗之一；下禾一秉，二斗四分斗之三"。用现代话讲，优质稻子每捆碾米九又四分之一斗，普通稻子每捆碾米四又四分之一斗，劣质稻子每捆碾米二又四分之三斗。

将方程组写成矩阵的形式，再用矩阵变换来消元，最后求得方程组的解，这是汉朝数学家求解方程组的方法，也是过去两千年间古代中国绝大多数数学家求解方程组的经典方法（图3-3）。现代高中生或者大学低年级学生学习线性代数时，遇到比较复杂的方程组，也要把方程组转化成矩阵，再用矩阵变换来消元。由此可见，古代中国数学家用矩阵求解方程组的方法实在是非常经典。

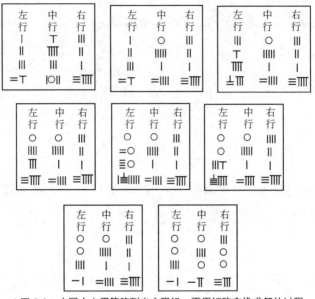

▲图3-3　中国古人用算筹列出方程组，再用矩阵变换求解的过程

## 从方程组到正负术

汉朝数学家用矩阵变换消元，总是先用中列各项乘以右列第一项，再减去右列各项的某个常数倍。这样相减的过程中，有时会碰到不够减的情形。

举个例子。

"今有上禾二秉，中禾三秉，下禾四秉，实皆不满斗。上取中，中取下，下取上，各以秉而实满斗。问上、中、下禾实秉各几何？"

优质稻子2捆，普通稻子3捆，劣质稻子4捆，分别去碾，碾出的米都不满1斗。如果在2捆优质稻子里添加1捆普通稻子，或者在3捆普通稻子里添加1捆劣质稻子，或者在4捆劣质稻子里添加1捆优质稻子，这样分别去碾，刚好都能碾出1斗米。假如不添加、不掺杂，优质稻子、普通稻子、劣质稻子分别需要多少，才能刚好碾出1斗米呢？

我们做这道题，当然要设未知数、列方程组。设 $x$ 斗优质稻子可碾 1 斗米，

$y$ 斗普通稻子可碾 1 斗米，$z$ 斗劣质稻子可碾 1 斗米。依照题意，列方程组如下：

$$\begin{cases} 2x+y=1 \\ 3y+z=1 \\ 4z+x=1 \end{cases}$$

解这个方程组，得 $x=0.36$，$y=0.28$，$z=0.16$。

汉朝数学家怎么解呢？还是列成矩阵：

| | | |
|---|---|---|
| 1 | 0 | 2 |
| 0 | 3 | 1 |
| 4 | 1 | 0 |
| 1 | 1 | 1 |

这个矩阵第一行是优质稻子，第二行是普通稻子，第三行是劣质稻子，第四行是所碾米数。

右列 2、1、0、1 表示，2 捆优质稻子，掺 1 捆普通稻子，再掺 0 捆劣质稻子，出 1 斗米；中列 0、3、1、1 表示，0 捆优质稻子，掺 3 捆普通稻子，再掺 1 捆劣质稻子，出 1 斗米；左列 1、0、4、1 表示，1 捆优质稻子，掺 0 捆普通稻子，再掺 4 捆劣质稻子，出 1 斗米。

进行矩阵变换，让中列各项乘以右列第一项，即让 0、3、1、1 分别乘以 2，得到：

| | | |
|---|---|---|
| 1 | 0 | 2 |
| 0 | 6 | 1 |
| 4 | 2 | 0 |
| 1 | 2 | 1 |

再用中列减去右列的某个常数倍。为了消元，这里将常数倍定为 6，即让右列各项都乘以 6，得到 12、6、0、6。然后让中列 0、6、2、2 去减 12、6、0、6。

现在问题来了，0 减 12，不够减。2 减 6，也不够减。怎么办？汉朝数学家不管这个，他们硬减，并规定差为负数，例如 0 减 12 等于 -12，2 减 6 等于 -4。

又因为汉朝数学家用算筹表示数字，当遇到负数时，为了与正数相区分，就用另一种颜色的算筹来表示负数。一般来说，他们会用红色算筹表示正数，用黑色算筹表示负数（图3-4，浅色代表红色，深色代表负数）。于是，负数和负数的表示法一起横空出世了。

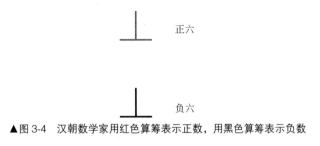

▲图3-4　汉朝数学家用红色算筹表示正数，用黑色算筹表示负数

《九章算术》第八卷专讲方程组，该卷有一段文字叫作"正负术"，原文写道：

"同名相除，异名相益，正无入（一些版本写作"无人"，下同）负之，负无入正之。其异名相除，同名相益，正无入正之，负无入负之。"

这段话简而又简，玄而又玄，晦涩难懂，历来有不同解释，我们以清代数学家戴震（1724年—1777年）的考证为基准，将其翻译成现代汉语。

"同名相除"：两个负数相减（《九章算术》里的"除"，指的都是减），先让绝对值较大的数减去绝对值较小的数，再给它们的差添上负号。例如 -3 减 -2，先让 3-2，得到 1，再添上负号，得 -1。

"异名相益"：正数与负数相加，先让两个数的绝对值相减，再取绝对值，最后添上绝对值较大那个数的符号。例如 -3 加 2，-3 的绝对值是 3，3 减 2 等于 1，再给 1 添上 -3 的负号，结果是 -1。再比如 -4 加 6，-4 的绝对值是 4，4 减 6 的绝对值是 2，再给 2 添上 6 的正号，结果是 2。

"正无入负之，负无入正之"：一个空位（可以视为零）减去正数，正数会变成负数；一个空位减去负数，负数会变成正数。例如 0 减 4 等于 -4，0 减 -4 等于 4。

"其异名相除，同名相益，正无入正之，负无入负之"：符号不同的两个数相减，先让其绝对值相加，再添上绝对值较大那个数的符号。例如 -3 减 2，先让 3 加 2，得 5，再添上 -3 的负号，结果是 -5。再比如 6 减 -5，先让 6 加 5，得 11，再添上 6 的正号，结果等于 11。

　　简言之，至少从汉朝起，中国数学家为了求解方程组，就搞出了负数，而且还制定了负数参与加减运算的一套规则，这套规则被称为"正负术"。

## "恒山派卖马"问题

乍听"正负术"这三个字，神秘莫测，仿佛某种神奇武功。其实它就是一套计算规则，是当负数参与计算时的规则。

汉朝数学家初创正负术，只规定了负数参与加减运算的规则，并不涉及乘除。到了元朝，数学家朱世杰（1249年—1314年）在《算学启蒙》一书中（图3-5），明确提到了负数参与乘法计算的规则："同名相乘为正，异名相乘为负。"用现代话讲，正数乘正数还是正数，负数乘负数也是正数，正数乘负数得到负数，负数乘正数也得到负数。

朱世杰为正负术增添了新规则，并且举了一个用正负术解决实际问题的例子。

说是某人买卖牲畜。如果卖掉2头牛和5只羊，用得来的钱去买猪，能买13头猪，还剩1000钱；如果卖掉3头牛和3头猪，用得来的钱去买羊，刚好能买9只羊；如果卖掉6只羊和8头猪，用得来的钱去买牛，能买5头牛，但要补上600钱。请问1头牛、1只羊和1头猪的单价分别是多少呢？

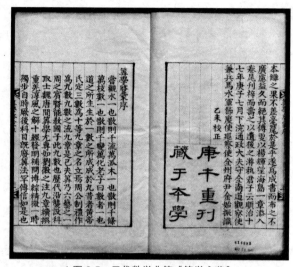

▲图 3-5　元代数学典籍《算学启蒙》

我们用现代数学解这道题。

设1头牛值 $x$ 钱，1只羊值 $y$ 钱，1头猪值 $z$ 钱。根据题意，列出方程组：

$$\begin{cases} 2x+5y-13z=1000 & ① \\ 3x-9y+3z=0 & ② \\ -5x+6y+8z=-600 & ③ \end{cases}$$

三个方程相加，刚好消去 $x$，得到 $2y-2z=400$。化简这个关系式，得到 $y=200+z$。

再让方程①的各项乘以3，得到 $6x+15y-39z=3000$。让方程②的各项乘以2，得到 $6x-18y+6z=0$。两个关系式相减，又消去 $x$，得到 $33y-45z=3000$。

将 $y=200+z$ 代入 $33y-45z=3000$，消去 $y$，得到 $12z=3600$，求得 $z=300$。

$y=200+z$，而 $z=300$，所以 $y=500$。

将 $y$ 和 $z$ 的值代入方程①，得到 $2x=2400$，求得 $x=1200$。

最后验证一下，将 $x$、$y$、$z$ 的值分别代入方程组，三个方程均成立。

**结论**：1头牛的单价是1200钱，1只羊的单价是500钱，1头猪的单价是300钱。

刚才为方程组消元的过程中，不断用到负数的计算规则，也就是古代数学家所说的正负术。

比如说，为了消去 $x$，让三个方程相加，其中 $5y+(-9y)+6y$，5 加 6 等于 11，11 再加 $-9$，就是正负术里的"异名相益"。$-13z+3z+8z$，要计算 $-13$ 加 3，仍然是异名相益。

再比如说，方程①各项乘以 3，方程②各项乘以 2，3 和 2 都是正数，但是方程里存在负数项，用负数项乘正数，积为负，这正是元代数学家朱世杰所说的"异名相乘为负"。只不过，咱们现代人解题，经常用到这些规则，早已经习惯成自然，习焉而不察，日用而不觉，不知道它们就是正负术罢了。而在古人眼里，正负术实在是一项非常了不起的数学成就，实在是构建方程组和求解方程组的一大利器，有了它，记账和算账时都方便许多。

为了证明正负术的威力，下面再举一个武侠世界的例子。

《笑傲江湖》第二十四回，令狐冲带领恒山派女弟子赶路，路费快花完了，不得已，抢了几匹官马，在饭店用餐，让小师妹郑萼和于嫂卖马付账。原文没写一匹马能卖多少钱，也没写令狐冲等人都吃了什么饭，更没写吃一顿饭要花多少钱。

假设卖掉 1 匹马，可供令狐冲及恒山众弟子吃 3 顿宴席，还能结余 1 两银子；卖掉 2 匹马，可供吃 7 顿宴席，但要补上 2 两银子；卖掉 1 匹马，可供吃 3 顿宴席，额外再给令狐冲买 1 件衣服，最后还能结余 0.5 两银子。根据这些信息，运用正负术和方程组，能不能推算出 1 匹马、1 顿饭和 1 件衣服各值多少钱呢？

这是我们虚构的一个问题，可以命名为"恒山派卖马问题"。

设 1 匹马能卖 $x$ 两银子，令狐冲及众弟子吃 1 顿宴席要花 $y$ 两银子，给令狐冲买 1 件衣服要花 $z$ 两银子，列出方程组：

$$\begin{cases} x-3y=1 & ① \\ 2x-7y=-2 & ② \\ x-3y-z=0.5 & ③ \end{cases}$$

用方程③减方程①，得到 $-z=-0.5$，两边各乘以 $-1$，负数乘负数，"同名相乘"（两个符号相同的数相乘），得到 $z=0.5$。

再让方程①的各项乘以 2，得到方程④：$2x-6y=2$。拿方程④减方程②，消去 $x$，还剩 $y$ 和两个常数项。其中 $-6y$ 减 $-7y$，"同名相除"（两个负数相减），结果是 $1y$；2 减 $-2$，"异名相除"（正数减负数，或者负数减正数），结果是 4。$1y=4$，即 $y=4$。

将 $y=4$ 代入方程①，$x-3\times 4=1$，$x=13$。

到此为止，马价（$x$）有了，饭价（$y$）有了，令狐冲的衣服价格（$z$）也有了。

**结论**：1 匹马能卖 13 两银子，众人吃 1 顿宴席要花 4 两银子，令狐冲买 1 件衣服要花 0.5 两银子。

如图 3-6 所示，宋朝数学家秦九韶也用"正负术"推算物价和赋税。

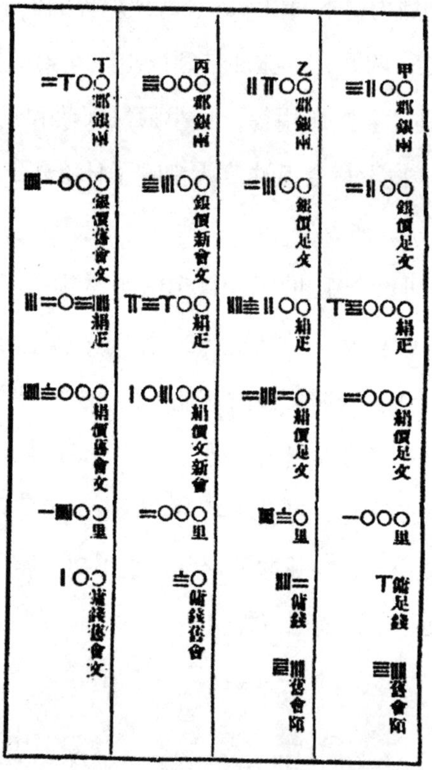

▲图 3-6 用"正负术"推算物价和赋税

　　现代初中生都学过方程组，也都学过负数的计算法则，解这道题，小菜一碟，轻车熟路，绝对不会觉得有什么难。可是在古代中国，绝大多数学生，包括许多学问一流的士大夫，都没有机会学习方程组和正负术，如果你在他们面前解这道题，他们会觉得很神奇——哇喔，仅仅知道结余多少银子和欠缺多少银子，就能推算出每一样东西本来的价格，真是不可思议！

## 古代中国有负号吗？

魏晋时期，有一位数学家刘徽（约公元 225 年—约公元 295 年），为《九章算术》做注解，在正负术部分写下这么一句话："今两算得失相反，要令正负以明之。"即计算过程中遇到意义相反的两个数，要用正负来区分。

打个比方，某大侠得了 100 两银子，拿出其中 80 两，散给饥民。做完这件善举，大侠如果记账，他应该在账簿上分别写下两个数字，一个是 100，另一个是 −80。100 是正数，表明大侠的口袋里多了 100 两；−80 是负数，表明大侠的口袋里少了 80 两。

当然，如果该大侠视金钱如粪土，身上留的钱越多就越烦恼，只有把钱散出去才开心，那么他也可以将得来的 100 两记为 −100，将散出去的 80 两记为 80。反正都是一正一负，至于是将开销定为负数，还是将进账定为负数，这要根据大侠的心态和心情来定。

　　不过我们必须注意，古代中国虽有负数概念，却没有负数符号。更准确地说，虽然古代中国数学家在这颗星球上率先提出了负数的概念，率先给出了负数的计算规则，并且率先发展出用负数求解方程组的一套成熟算法，但却没有使用现在流行的负数符号。古代大侠如果记账的话，是不会将负 100 写成 –100，将负 80 写成 –80 的，只能用别的符号或者方式来表示负数。

　　前文提到过，汉朝数学家用不同颜色的算筹表示正负数，通常用红色算筹表示正数，用黑色算筹表示负数。这种表示方法应该是古代中国数学界的主流，因为到了南宋数学家秦九韶撰写《数书九章》的时候，仍然提倡"负算画黑，正算画朱"，负数用黑色表示，正数用红色表示。

　　为《九章算术》做注的魏晋数学家刘徽也认可这种表示法，同时他还提出另一种表示法："以斜正为异。"用正放的算筹表示正数，用斜放的算筹表示负数（图 3-7）。

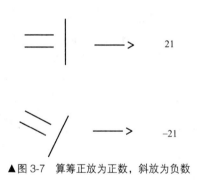

▲图 3-7　算筹正放为正数，斜放为负数

　　还有一种方法，是南宋数学家杨辉（生卒年待考，13 世纪中叶活跃于江南）提出来的，适用于笔算和文字记录，即在数字后面添加一个"正"字或者"负"字，以此表示正负。例如 168 记为"一百六十八正"，–168 记为"一百六十八负"。

　　大约与杨辉同时代，金朝数学家李冶（1192 年—1279 年）则提倡在负数的前面划一道斜杠。例如"＼二十六"表示 –26，"＼三十七"表示 –37，"＼八〇九"表示 –809。这道斜杠也可以画在用算筹符号写成的数字前面，例如"＼‖"表示 –2，"＼｜｜｜"表示 –3，"＼—｜｜｜"表示 –13。

《笑傲江湖》第二十九回，令狐冲在一座酒楼自斟自饮，被桃谷六仙见到。那六兄弟飞身上楼，紧紧抓住令狐冲，朝窗外大声喊道："小尼姑，大尼姑，老尼姑，不老不小中尼姑，我们找到令狐公子了，快拿一千两银子来！"

原来恒山派众弟子想让令狐冲回去，做她们的掌门人，却找不到令狐冲的踪迹，便托桃谷六仙帮忙寻找。桃谷六仙狮子大开口，索要纹银一千两报酬。恒山派众弟子没有还价，一口答应，说是只要找到令狐冲，甭说一千两，就是要一万两，她们也会设法筹款付酬。

桃谷六仙为何非要一千两呢？因为他们跟"夜猫子"计无施打赌，输了，需要赔给计无施一千两银子。他们正愁没钱赔付，见恒山派弟子寻访令狐冲，便张口索要一千两银子的寻访费。

桃谷六仙找到令狐冲没有？找到了。一千两银子挣到没有呢？原文没交代。我们假定桃谷六仙从恒山派手里挣到了一千两，随后又将刚到手的这笔横财赔给了计无施，那么六兄弟记账的时候，应该会这么写：

某年某月某日，收入 1000 两（摘要：寻访令狐冲所得报酬），付出 1000 两（摘要：赔付计无施赌金），结存 0 两。

如你所知，古代中国没有阿拉伯数字，记账要么用文字，要么用账码（从算筹演化出的数字符号，详见本书第一章）。所以在桃谷六仙的账本上，两个 1000 两有可能写成这个样子：

"一千两正，一千两负。"

或者这个样子：

"一千两，＼一千两。"

也可能是这个样子：

"｜〇〇〇，＼｜〇〇〇。"

## 打死不认负数的西方数学家

大约在中国的隋唐时期，印度人也认识到了负数的存在。

古印度数学家兼天文学家婆罗摩笈多（Brahmagupta，约公元 598—660 年）撰写了《婆罗摩修正体系》一书，在该书第十二章算术讲义当中，他提到了负数，并且明确规定了负数的加减和乘法规则：负数加负数为负数，负数减正数为负数，正数减负数为正数，负数加零为负数，负数减零为负数，负数乘负数为正数，负数乘正数为负数。

婆罗摩笈多怎样表示负数呢？他用小圆点或者小圆圈来标记。比方说，在数字 1 外面画个圈，1 就成了 −1；在数字 2 外面画个圈，2 就成了 −2。

负数出现在印度，应该比出现在中国晚几百年，但是没有证据表明印度人从中国引进负数，两大文明古国应该是各自独立发明了负数。另外，负数虽然最早出现在中国，但是中国人并没有最早提出负数的乘法规则。本书前文讲过，汉朝数学典籍《九章算术》只写了负数的加减，没有写负数的乘除，元朝数学典籍《算学启蒙》才出现"同名相乘为正，异名相乘为负"的规则。换言之，在设定负数的计算规则这方面，印度数学家可能比中国数学家要更早一步。

西方就晚得多了，当中国人和印度人兴致勃勃地使用负数解决问题的时候，西方数学家既不认识负数，也不认可负数。

古希腊是早期西方数学的中心，欧几里得的《几何原本》是古典数学大厦的地基，可是该书没有提到负数，一个字都没有。明代学者徐光启与传教士合作，将《几何原本》翻译成中文出版（图3-8）。

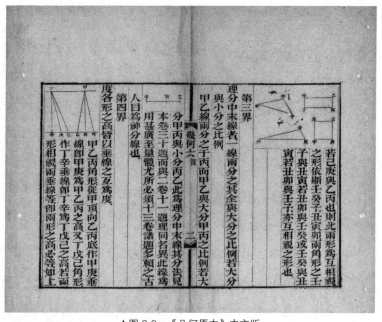

▲图3-8 《几何原本》中文版

大约在中国的魏晋时期，古希腊数学家丢番图（Diophantus，约公元246年—330年）横空出世，他是代数学的奠基人之一，他发明了一次方程和二次方程的通用解法，还能求解个别的三次方程和不定方程。但是，这位"代数学之父"却将负数当成"荒谬的东西"，"不能也不应该予以考虑"。他在解方程的时候，如果算出负数根，就像扔垃圾一样扔掉。

据说，丢番图的墓碑上刻着一道数学题，大意如下：

"这里埋葬着丢番图，幸福的童年占据他一生的六分之一；又过了十二分之一，他开始长胡须；又过了七分之一，他娶了妻；结婚后五年，他生了儿子；可他儿子只活到他寿命的一半，就撒手西去；他在儿子去世的悲痛中活了四年，也一命归西。"

解这道题，可以推算丢番图究竟活到了多少岁。设他的一生有 $x$ 年，列出方程：

$$x - \left( \frac{x}{6} + \frac{x}{12} + \frac{x}{7} + 5 + \frac{x}{2} + 4 \right) = 0$$

解这个方程，得 $x=84$，说明丢番图活到了 84 岁。在那个时代，这可是高寿。

搞哲学的人，长寿居多，孔子活到了 72 岁（若按古人算年龄的方法，应是 73 岁），孟子活到了 83 岁，墨子活到了 92 岁，苏格拉底活到了 70 岁，柏拉图活到了 80 岁，德谟克利特活到了 90 岁，牛顿活到了 85 岁，英国哲学家波特兰·罗素则活到了近百岁。丢番图以 84 岁高龄去世，在哲学家的长寿阵营里属于正常，还不算特别长寿。

您可能会说，丢番图是数学家，不是哲学家。其实在西方传统学术圈，数学和哲学不分家。以伟大的牛顿爵士为例，他老人家在数学和物理学领域都卓有建树，但他却把自己的物理学巨著命名为《自然哲学的数学原理》。

扯远了，继续说负数。刚才说到用方程推算丢番图的年龄，还有一道数学题，也是推算年龄的，但是算出来的答案不合常理："爸爸 56 岁，儿子 29 岁，请问再过几年，爸爸的年龄是儿子的两倍？"

假设再过 $x$ 年，爸爸年龄是儿子的两倍，列出方程：

$$56+x=(29+x) \times 2$$

把右项乘出来，移项，解得 $x=-2$。

再过 $-2$ 年，爸爸年龄会是儿子的两倍。这个答案当然不靠谱，因为既然"再过"几年，那么默认的答案就不可能是负数。可是单看方程，它确实只有一个根，这个根就是 $-2$。

这道题是英国数学家德·摩根（De Morgan，1806 年—1871 年）在 1831 年设计出来的，他想用这道题来证明负数的荒谬性。德·摩根解方程，遇到负根就舍去，因为"负数不合常理"。

比德·摩根更早，另一位英国数学家马塞雷（B.F.Maseres，1731 年—1824 年），剑桥大学数理学院研究员和皇家学会成员，在 1759 年发表的《专论代数中的负号》中，也主张舍去方程的负数解，因为"负数只会把方程的整个理论搞得模糊"。

欧洲其他国家的数学界也是一样。法国数学家韦达（F.Vieta，1540 年—1603 年）完全排斥负数概念，法国数学家帕斯卡（B.Pascal，1623 年—1662 年）认为从 0 中减去 4 "纯属胡言乱语"，意大利数学家斐波那契（Fibonacci，1175 年—1250 年）认为形如 $x+36=33$ 这样的方程无解，因为求得 $x=-3$，而 $-3$ 是无意义的数。

也有接受负数的西方数学家，例如文艺复兴时期的意大利数学家、《代数学》作者拉斐尔·邦贝利（Rafael Bombelli，1526 年—1572 年），他给负数下了一个既简练又精确的定义："负数是小于零的数。"但是在西方数学界，这样的数学家不占主流，18 世纪以前，欧洲大多数数学家都觉得负数不可理喻，没必要存在。

有意思的是，虽然说西方数学界很晚才接受负数，但是现在世界通用的负数符号却是由西方发明的。1585 年，荷兰数学家西蒙·斯蒂文（Simon Stevin，1548 年—1620 年）用减号"-"作为负号（不过，此人发明的小数表示法却很不高明，他把 3.654 写成 3 ⊙ 6①5②4③，在每个小数位后面都加上序号，既啰唆，又给运算带来不便）。1629 年，数学家阿尔伯特·吉拉德（Albert Girard，1595 年—1632 年）在《代数学的新发明》一书中为负数正名，把负数和正数摆在同等重要的地位，并且重申了用减号"-"作为负号的表达方式。此后两三百年，"-"渐渐成为各国都认可的负号，一直沿用到今天。图 3-9 为荷兰数学家西蒙·斯蒂文。

▲图 3-9　率先用减号做负号的荷兰数学家西蒙·斯蒂文

## 小朋友怎样理解负负得正?

现代小朋友很幸运,小学阶段就能接触负数,就知道负数是表示与正数意义相反的量,就知道在正数前面加上"−"就是负数,就知道 0 是正数和负数的分界,就能用正数表示收入,用负数表示支出。放在几百年前,这是不可想象的,因为几百年前连一些天才级别的大数学家都不认识负数。

不过现代小朋友也很不幸,因为一旦学到负数的乘法,特别是负数乘负数,就有些懵了:老师让记住负负得正,可是两个负数相乘怎么就变成正数了呢?昨天零下 4 摄氏度,今天零下 5 摄氏度,两个负温度相乘,就能变成零上 20 摄氏度吗? 小明的爸爸早上花了 30 元,晚上花了 50 元,如果 −30 乘以 −50 等于 1500,那小明爸爸的钱岂不是越花越多吗?

只懂死记硬背的孩子是不会问这些问题的,只有喜欢思考的孩子才会问。当他们举手提问的时候,老师不一定能给出合理的解释,很可能会说一句:"1 比

2 小是人为规定，负负得正也是人为规定，不用问那么多，记住就行了。"

其实，1 比 2 小并不仅仅是规定，也是可以证明的。负负得正也不只是规定，同样可以证明。但假如老师能拿出严格的证明过程，那一定比证明勾股定理要复杂得多，小朋友们又怎么看得懂呢？正所谓你不说我还明白，你越说我就越糊涂。

著名育种学家、杂交水稻之父、为全球粮食增产做出巨大贡献的袁隆平爷爷，小时候也被负数弄糊涂过。他说他喜欢外语、地理和化学，最不喜欢数学，因为在学习负数的时候，搞不明白负负相乘为什么得正数，去问老师，老师的回答简单粗暴："没啥原因，你记住就行了。"这段经历让他很不舒服，以为数学是"不讲理的学科"，从此对数学失去了兴趣。

大约两个世纪以前，法国作家司汤达（Stendhal，又译为斯丹达尔，1783 年—1842 年，图 3-10 为其肖像）上学的时候，认为负负得正不合理，向数学老师迪皮伊请教："如果负负得正，那么一个人该怎样把 500 法郎的债与 1000 法郎的债乘起来，才能得到 50 万法郎的收入呢？"迪皮伊先生"只是不屑一顾地笑了笑"。司汤达又找补习学校的数学老师夏贝尔请教，夏贝尔先生十分尴尬，只能不断地重复课程内容，并且告诫司汤达说："这是惯用格式，大家都这样认为，连数学家欧拉和拉格朗日都认为此说有理，你就别标新立异了。"

多年以后，司汤达写回忆录，对两位老师都没什么好评价："迪皮伊先生

▲图 3-10　法国作家司汤达

很可能是个迷惑人的骗子，夏贝尔先生只是个爱慕虚荣的小市民，他们根本提不出什么问题，更解答不出问题。"

许多小朋友都喜欢阅读法国作家兼昆虫学家法布尔（Casimir Fabre，1823

年—1915年）的《昆虫记》。法布尔年轻时，腰包里缺钱，为了能在研究昆虫期间填饱自己的肚子，必须兼职当家庭教师。他教过的学生也问过他："法布尔先生，为什么两个负数的乘积是一个正数，而不是一个绝对值更大的负数呢？"法布尔当时也没有想明白怎么回答，但他的态度很诚恳："对不起，我也不明白为什么，让我们一起搞懂其中的道理吧！"最后法布尔真的想出了解释负负得正的办法。

法布尔的解释思路是这样的：

假设从1月1日开始，小明每天花10块钱，记作 −10元。到1月3日，他总共花掉3个10元，记作 $3 \times (-10) = -30$ 元。

现在让时间倒流，从1月3日往前推，小明每天仍花10块钱，记作 −10元。因为是倒推，每倒推一天应该记作 −1，这样小明每天的资金变化应该记作 $-1 \times (-10) = 10$。倒推到1月1日，$-3 \times (-10) = 30$ 元，小明的30元又回来了。

负的时间乘以负的开销，得到正的金钱，所以，负负得正。

其实还有一种解释思路，下面我们拿武侠人物来举例说明。

《倚天屠龙记》第三十一回，明教教主张无忌寻找金毛狮王谢逊，被"混元霹雳手"成昆误导，在河北兜大圈子，从卢龙县跑到三河县，又从三河县跑到香河县，再从香河县跑到宁河县（今属天津市宁河区），始终不见谢逊踪影，最后发觉上当，一怒之下，买匹快马，重新回到卢龙县，以一人之力砸了丐帮总舵的场子。

假定张无忌在星期一那天凌晨从卢龙出发，每天奔跑100华里，在星期三那天深夜抵达宁河。星期四那天早上，张无忌发现上当，顺着原路，骑马返回卢龙，每天行程150华里。那么两天之后，也就是星期五晚上，他将抵达卢龙。当初从卢龙出发，日行100华里，记为 +100；后来返回卢龙，日行150华里，因为是返程，应该记为 −150。时间呢？从星期一到星期三，三天时间正常流逝，记为3；从星期四到星期五，两天时间也是正常流逝，记为2。

头三天的行程应该这么算：$100 \times 3 = 300$（华里）。正数乘正数，还是正数。

后两天的行程应该这么算：$-150 \times 2 = -300$（华里）。负数乘正数，等于负数。

现在开启时间倒流模式。

从星期五到星期四，过了 $-2$ 天，每天返回 150 华里变成每天前进 150 华里，$-150$ 变成 150。时间倒流两天，$150 \times (-2)$，结果还是 $-300$ 华里。正数乘负数，等于负数。

从星期三到星期一，过了 $-3$ 天，每天前进 100 华里变成每天返回 100 华里，100 变成 $-100$。时间倒流三天，$-100 \times (-3)$，结果是 300 华里。负数乘负数，等于正数。

$-100 \times (-3) = 300$ 在这里有什么实际含义呢？含义就是时间每倒流一天，张无忌就少跑 100 华里。时间倒流到星期一早上，张无忌总共少跑 300 华里。

## 好孩子进城，坏孩子出城

为了理解负负得正，我们不惜让时间倒流。时间真会倒流吗？目前的物理定律和科技水平都不支持这一点。

好，那换个思路。

这个思路叫作"好孩子坏孩子模型"：好孩子走得端行得正，用正数表示；坏孩子是负面典型，用负数表示。假设有一座城池，每天都有人进来，也有人出去。有人进来的时候，城里人口增加，用正数表示；有人出去的时候，城里人口减少，用负数表示。

某个好孩子进城，我们记为 $1 \times 1 = 1$，意思是城里多了一个人，这个人是个好孩子，相当于正数乘正数得到正数。

如果这个好孩子出城，我们应该记为 $1 \times (-1) = -1$，意思是城里少了一个人，这个人是个好孩子，相当于正数乘负数变成负数。

某个坏孩子进城，我们记为 $-1×1=-1$，意思是城里多了一个人，但这人是个坏孩子，相当于负数乘正数还是负数。

如果这个坏孩子出城，我们应该记为 $-1×(-1)=1$，意思是城里虽然少了一个人，但这人是个坏孩子，坏孩子离开是全城人民的福气，相当于负数乘负数得到正数。用"坏孩子出城"来理解负负得正，是不是突然变得好懂多了？

金庸先生创作《侠客行》，塑造了一正一邪两个人物，分别叫石破天和石中玉。石破天善良、诚恳、舍己为人，是典型的好孩子；石中玉阴险、奸诈、残忍好杀，是典型的坏孩子。该书前半部，玄素庄主石清夫妇寻找爱子，误把石破天认作儿子；该书后半部，石中玉被侠客岛"赏善罚恶二使"揪了出来，与石清夫妇相认，石破天则黯然离开；到了结尾，石中玉又被武林怪杰谢烟客带走，离开了石清夫妇。

从石清夫妇的角度讲，儿子归来是正，儿子离开是负；从道德评判的角度讲，石破天那样的好孩子是正，石中玉那样的坏孩子是负。当石清夫妇收留石破天，并把石破天当作亲生儿子时，相当于正数乘正数，还是正数；后来知道认错人，与石破天分离，相当于负数乘正数，得到负数；再后来真正的亲生儿子石中玉回到身边，也相当于负数乘正数，还是负数；最后石中玉被谢烟客发配摩天崖，这就与坏孩子出城类似，负负得正。

不过，数学不是讲故事，更不是打比方，好的比方只能帮助人们理解某个知识，不能证明那个知识就是正确的知识。刚才所举的例子，无论是石清夫妇认错儿子，还是张无忌在河北乱走冤枉路，都不足以证明负负得正的正确性。

怎么才能证明负负得正呢？

我们可以设任意两个正数，分别用 $a$ 和 $b$ 表示。相应地，$-a$ 和 $-b$ 就代表任意两个负数。根据"零减正数等于负数"的法则，我们可以得到 $-b=0-b$。

任意两个负数相乘，也就是 $-a$ 乘以 $-b$，会有以下等式：

$$(-a) \times (-b)$$
$$= (-a) \times (0-b)$$
$$= (-a) \times 0 - (-a) \times b$$
$$= 0 - (-a \times b)$$
$$= 0 + a \times b$$
$$= a \times b$$

既然 $-a$ 和 $-b$ 的乘积等于 $a$ 和 $b$ 的乘积，那么负数乘负数必然会得到正数，这就是负负得正的一种简单证明方法。

平心而论，这个证明过程并不严谨，但是对还在读小学和初中的小朋友来讲，已经足够了。如果一个老师循循善诱，在数学课堂上讲完时间倒流和坏孩子出城，再把这个证明演示一遍，那么我相信，绝大多数孩子对负负得正的理解都会更上一层楼。

教育是需要耐心的，数学教育更需要耐心。如果孩子们不喜欢数学，感觉数学太难，那并不是因为笨，而很可能是因为老师没有足够的耐心，或者没有找到合适的方法。有的老师解题能力超强，能"徒手"高次方程，会手算三角函数，但却教不会孩子，为啥？耐心不够而已，方法不对而已。

金庸武侠里有一位金毛狮王谢逊，本身武功高强，却不擅长传授武功。张无忌是他的义子，小时候在冰火岛上跟他学武功，他不按循序渐进的路子来，直接教转换穴道、冲破穴道这等高深功夫。张无忌还没打牢基础，连穴道都认不明白，怎么学得会？但只要学不会，他就"又打又骂，丝毫不予姑息"。

张无忌的母亲叫殷素素，见儿子身上青一块、紫一块，甚是心疼，劝谢逊道："大哥，你武功盖世，三年五载之内，无忌如何能练得成？这荒岛上岁月无尽，不妨慢慢教他。"谢逊却说："我又不是教他练，是教他尽数记在心中。"殷素素很奇怪："你不教无忌练武功吗？"谢逊说："哼，一招一式练下去，怎来得及？我只是要他记着，牢牢记在心头。"

在《倚天屠龙记》第八回，谢逊用提问的方式测验张无忌，"甚至将各种刀法、剑法，都要无忌犹似背经书一般地死记""只要背错一个字，谢逊便一个耳光打过去"。我相信，天底下任何一个小朋友都不会喜欢谢逊这样的老师，天底下任何一个老师按照谢逊强行要求死记硬背、背不熟就打的方法去教数学，都会让孩子们对数学深恶痛绝。

你说呢？

第四章
乘除秘籍

## "铜笔铁算盘"黄真怎样做乘法？

《碧血剑》第七回，袁承志破了五行阵，将温氏五老打得一败涂地，还点了其中四老的穴道。五老的老大温方达给四个兄弟解穴，推功过血良久，始终解不开，只得忍气吞声，求袁承志帮忙。

袁承志正要出手，却被绰号"铜笔铁算盘"的大师兄黄真拦住。只见黄真一边拨弄算盘，一边摇头晃脑念着珠算口诀"六上一去五进一，三一三十一，二一添作五"，说个不停，最后向袁承志道："你给他们解穴，总要收点儿诊费，这四位老爷子，一个人四百石上等白米！"

袁承志说："一人四百石，那么一共是一千六百石了？"黄真大拇指一竖，赞道："师弟，你的心算真行，不用算盘，就算出一个人四百石，四个人就是一千六百石。"

"石"是容量单位，明朝末年（《碧血剑》以明末为时代背景），一石约有

90 公升，能装 100 多斤大米，黄真让袁承志收取 1600 石大米，那就是十几万斤，这笔"诊费"确实不少，着实让温氏五老破费了。至于黄真装模作样拨弄算盘，那其实是故意消遣人，1 个人 400 石，4 个人 1600 石，超级简单的心算，用不着拨算盘。

假如是比较复杂的计算呢？比方说每人不是 400 石，而是 623 石；需要袁承志解穴的不是温氏四老，而是温氏五老再加他们一大帮徒子徒孙，总共 47 人。此时再做心算，就有些难度了，黄真还真要拨弄拨弄他的铁算盘才行。

623×47，有好几种珠算方法，下面讲讲相对好理解的一种。

首先我们要了解算盘的构造：都是上下两个档，上档若干排算珠，每排各是两颗，每颗代表 5、50、500、5000……下档也是若干排算珠，每排各是 5 颗，每颗代表 1、10、100、1000……

第一步，在算盘上左右两个合适的区域，分别拨出乘数 47 和被乘数 623，如图 4-1 所示。

▲图 4-1　把 623 和 47 拨入算盘

第二步，用 47 的个位 7，乘以 623 的个位 3，心算出 21。再用 47 的十位 4，乘以 623 的个位 3，心算出 120。在算盘上拨出 120 与 21 的加和 141。

第三步，用 47 的个位 7，乘以 623 的十位 2，心算出 140，与前面的 141 累加，拨出 281。再用 47 的十位 4，乘以 623 的十位 2，心算出 800，与前面 281 累加，拨出 1081。

第四步，用 47 的个位 7，乘以 623 的百位 6，心算出 4200，与前面 1081 累加，拨出 5281；再用 47 的十位 4，乘以 623 的百位 6，心算出 24000，与前面 5281 累加，拨出 29281。

现代小朋友计算多位数乘法时，会列出竖式，分步相乘，错位相加。例如 623×47，一般要把数位较多的 623 写在上面，把数位较少的 47 写在下面，两个数的个位与个位对齐，十位与十位对齐，并且在 47 底下画一根长长的横线。先让 623 乘以 7，在横线下面写出第一行乘积：4361。再让 623 乘以 4，在横线下面写出第二行乘积：2492。鉴于 623 乘的其实不是 4，而是 40，所以第二行乘积其实是 24920，所以要让 4361 与 2492 错位对齐，上下相加，得到最终乘积：29281。

将竖式笔算和传统的珠算做比较，原理其实是一样的，都是用一个数分别去乘另一个数的不同数位，再把每一步的乘积都累加起来。要说区别呢？现代竖式看起来似乎更简洁，古代珠算看起来似乎很麻烦。实际上不是这样的，我们觉得珠算麻烦，是因为我们不会，或者不熟练。现代小学四年级或者五年级的学生可能会为了训练多位数乘法的笔算技能，刷上几千几万道题，如果拿出同样的精力和时间去练习珠算，必然也能做到不假思索，信手拈来，噼里啪啦地秒算相当复杂的乘法。

当然，科技发展到目前这个地步，人工计算基本上已经脱离日常生活，无论笔算还是珠算，以及各种设计巧妙的心算，都没必要耗费太多精力去练习。我们真正应该拓展的，不是计算速度，而是计算方法和计算思想。例如前面列举的珠算例子，623×47，古人为什么要那样算？为什么要依次用 47 去乘以 623 的个位、十位和百位？可不可以把顺序颠倒过来？可不可以把算盘的结构改变一下，甚至改进一下，让计算变得更简单、更快捷、更容易理解和掌握？

如果我们是古人，有没有可能抛开算盘，去发明一种也许比算盘还要强大的计算工具呢？

类似这样的想象、思考和实验，才是有魅力、有意义，才是数学的本来面目。像现代某些中小学那样，让孩子们把大好青春都耗在计算训练上，那不叫数学教育，只能叫算术教育。

## 那些用算盘当武器的武林高手

古代没计算机，没计算器，也没有孕育出列竖式做笔算的传统，人们做乘法，除了掰指头以外，只能借助一些结构简单的计算工具，例如算盘。

算盘是从什么时候开始流行的呢？

北宋名画《清明上河图》上，画了一家药铺，挂着"赵太丞家"的招牌，药铺临街，大门敞开，进门就是柜台，柜台上横放一个长方形木器，木器上摆着一些圆圆的东西。有人说，那个木器就是算盘，那些圆圆的小东西就是算珠，说明算盘在北宋已被商家使用。

可是，用放大镜仔细辨认，那长方形其实是木盒子，里面圆圆的是铜钱。也就是说，图上画的并非算盘，而是收银台。

有一本数学教材，叫作《数术记遗》。该书提到了一个词：珠算。但是，书里既没有算盘和算珠的图样，也没有介绍"珠算"的规则。我们不能望文生义，看见"珠算"就以为是算盘珠，也许这个词在当时指的是计数用的小珠子，也许是关于珍珠价格的某种算法。

算盘真正流行，可能始于南宋后期或者元朝初年。元朝画家王振鹏在1310年画了一幅《乾坤一担挑图》，画的是一个货郎，挑着货郎担，担子上放着一把算盘。连货郎这种走街串巷的小本生意人都用算盘，说明算盘已普及。

到了明朝，珠算名家程大位专门写了一本介绍珠算规则和珠算技巧的实用书籍，名曰《算法统宗》（图4-2）。在这本书里，算盘简直无所不能（图4-3），不仅可以用来做加减乘除，还能进行特别复杂并且特别精密的开平方和开立方运算。

武侠小说家塑造江湖人物时，算盘是经常出现的道具。《笑傲江湖》里令狐冲的几个师弟，在衡阳城中乔装打扮："有的是脚夫打扮，有的手拿算盘，是个做买卖的模样。"《天龙八部》里的伏牛派高手崔百泉，在大理段王府隐姓埋名，伪装成账房先生，那当然更是离不开算盘。崔百泉本来就用算盘当武器，他"随身携带一个黄金铸成的算盘，那七十七枚算珠，随时可以脱手伤人"。

▲图 4-2 《算法统宗》及程大位画像

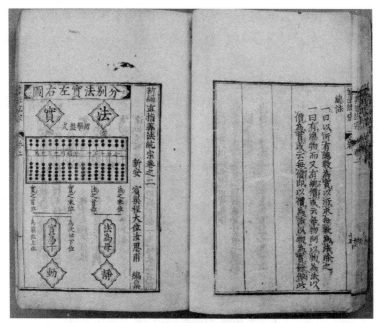

▲图 4-3 《算法统宗》里的算盘图样

　　温瑞安在《落日大旗》一书中，更是一口气塑造了三个用算盘做兵器的高手：一个是绰号"绝命算盘"的锡无后，一个是"算盘先生"包先定，还有一个是"金算盘"信无二。这几个人的算盘，或用纯铁打造，或用黄金打造，能锁拿对手刀剑，能拍打敌人要穴，同时还能制造噪声，让人头昏脑涨——几十颗算盘珠彼此碰撞，响个不停，杂乱无章，没有韵律，要多难听有多难听。

　　《落日大旗》以北宋末年为时代背景，《天龙八部》以北宋中叶为时代背景，《笑傲江湖》没有明写时代背景，但看书中人物的服饰、饮食和购物习惯，写的应该是明朝。明朝是算盘发展的成熟期，算盘承包了各个行业的计算工作。《笑傲江湖》里令狐冲的师弟拿着算盘出场，很正常，很合理。但是，《天龙八部》里的崔百泉和《落日大旗》里那三位使算盘的高手，与时代背景未必吻合，因为现有的文献证据和考古证据都不能证明北宋有算盘。

　　梁山一百单八条好汉，其中有一位非常不起眼的"神算子"蒋敬（图 4-4）。此人原为落第举子，科举不成，弃文习武，会一些枪棒功夫，与"摩云金翅"欧

鹏、"铁笛仙"马麟、"九尾龟"陶宗旺等人在黄门山落草为寇,当了土匪。宋
江发配江州,醉后酒楼题反诗,被押往刑场,梁山群雄发兵营救,归途经过黄门
山,蒋敬跟随宋江,加入梁山大本营。论武功,论计谋,蒋敬都不出色,他对梁
山泊的最大贡献是记账和算账。他掌管着后勤、仓库和钱粮出入事项,条理明晰,
计算精准,"积万累千,纤毫不差"。

▲图 4-4 梁山好汉"神算子"蒋敬手持算盘的剪纸肖像

《水浒传》成书于元末明初,当时已有算盘,但蒋敬的绰号"神算子"并非
来自算盘。算盘问世以后,即使在明朝和清朝前期,仍有人坚持传统,用算筹加
减乘除。神算子的"算子",不是算盘珠,而是算筹的俗称。

## 抓一把牙签，你就是神算子

遥想当年，祖冲之推算圆周率的时候，刘徽推算太阳高度的时候，僧一行推算子午线长度的时候，算盘还没有被发明出来，他们做计算，只能用算筹。

算筹能做乘法吗？当然能。还是 $623 \times 47$，前面用算盘算过，现在再用算筹算一回。

我们手头没有算筹，可以用筷子代替。要是嫌筷子太长，抓一把牙签也一样能算。

先用牙签把 623 和 47 这两个数字摆出来，623 在右上，47 在左下，如图 4-5 所示，47 的个位 7 与 623 的百位 6 对齐，当中留出一片空白，用来存放乘积。

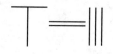

▲图 4-5  右上为 623，左下为 47

第一步，让 623 的百位 6 去乘 47，得 282（实际是 28200）。将 282 摆在中间空白处，并将 623 的 6 去掉，表示这个数位上的数已经乘过，不能再用了。

第二步，让 623 的十位 2 去乘 47，得 94（实际是 940）。将 94 摆在 282 右下方，让 94 的最高位 9 与 282 的个位 2 对齐，并将 623 的 2 去掉。

第三步，让 623 的个位 3 去乘 47，得 141。将 141 摆在 94 右下方，让 141 的最高位 1 与 94 的 9 对齐，并将 623 的 3 和 47 统统去掉。

第四步，将错位对齐的 282、94 和 141 加起来，在最下面摆出得数 29281，如图 4-6 所示。

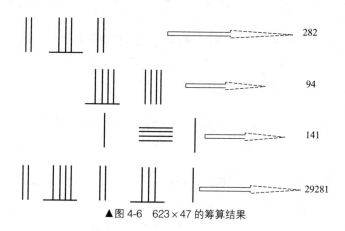

▲图 4-6  623×47 的筹算结果

用算盘计算的时候，我们是用 47 依次乘以 623 的个位、十位和百位，每得到新的乘积，就与前一步的乘积错位相加，随乘随加，边乘边加。用算筹计算，则是用 623 的百位、十位和个位依次去乘 47，将每一步乘积都摆出来，最后再错位相加，加和就是正确的乘积结果。现代小朋友列竖式做笔算，则是将 623 和 47 按照数位上下对齐，先用 47 的个位 7 乘以 623，得到 4361，再用 47 的十位 4 乘以 623，得到 2492，最后将 2492 和 4361 错位相加。

珠算、筹算、笔算，三种算法的计算顺序有所不同，但基本思想完全一致，都要将不同数位依次相乘，都要将乘积错位相加。

比较起来，笔算需要的工具最简单，一张纸加一支笔即可。哪怕没有纸笔，折一根树枝，在泥土地上也能列竖式。珠算必须有一把算盘，筹算必须有一捆算筹（或者牙签、筷子、火柴棍儿），都没有纸笔简省轻便。

如果对比计算速度，珠算会比筹算快得多，也比笔算快得多。过去很多农民不识字，却能把算盘口诀背得滚瓜烂熟，打起算盘来有如神助，算盘珠噼里啪啦，手上不停，嘴里报数，疾风骤雨，电闪雷鸣，仿佛高手过招，只能用"说时迟，那时快"来形容。

好在我们有计算器和计算机帮忙，不必再学珠算，更不必学习筹算。但是，正学多位数乘法的小朋友如果学有余力，也不妨接触一下珠算或者筹算，如此触类旁通，可以加深对竖式计算法则的理解。

再者说，学会了筹算，周末跟爸爸妈妈出去参加饭局，顺手抓一把牙签，像表演魔术一样，表演一下多位数相乘，再一脸淡定地告诉大家："当年祖冲之就是这样推算圆周率的。"那会很酷，会让爸爸妈妈脸上有光，倍有面子，是不是？

只会乘法，还不够酷，还应该再学学筹算的除法。还是那把牙签，我们来算一个简单的，例如 368÷4。

在《九章算术》《孙子算经》《数书九章》等数学典籍里，被除数叫作"实"，除数叫作"法"（如果做乘法运算，则被乘数为实，乘数为法）。368÷4，368 就是实，4 就是法。

做筹算除法，要找一片空地，将法摆在最下一行，将实摆在中间一行，实的最高位（这里是 3）要与法的最高位（这里是 4）对齐，最上面则用来摆商，如图 4-7 所示。

上行布商：

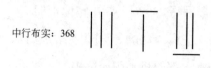

中行布实：368

下行布法：4

▲图 4-7　368 ÷ 4 的筹算布局

第一步，用 368 的最高位对 4 试除，3 除以 4，不够除，将商右移一位，用 36 除以 4，得 9。

第二步，将 9 摆在 368 的上面，与 6 上下对齐，然后将 368 里的 36 撤去。

第三步，中行之实只剩 8，8 再除以 4，得 2。

第四步，将 2 摆在 9 的后面、8 的上面，与 8 上下对齐，然后将中行的 8 也撤去。

第五步，观察整个布局，中行之实已全部撤去，说明可以除尽，没有余数，最上面那一行的 92 就是 368 除以 4 的商。368 ÷ 4 的筹算结果如图 4-8 所示。

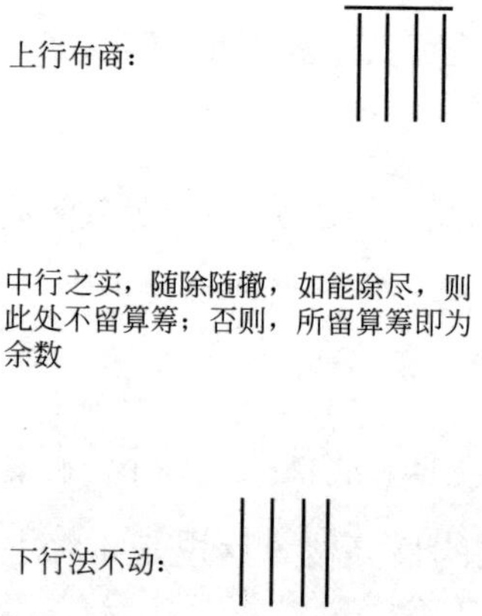

上行布商：

中行之实，随除随撤，如能除尽，则此处不留算筹；否则，所留算筹即为余数

下行法不动：

▲图 4-8　368 ÷ 4 的筹算结果

如果碰到除不尽的数呢？例如 418÷5，还是将 418 这个实摆于中行，将 5 这个法摆于下行，让实的最高位 4 和法的最高位 5 上下对齐。

第一步，4 除以 5，不够除，将商右移一位，用 41 除以 5。估商为 8，五八四十，41 减 40，余 1。

第二步，将第一步所估之商 8 摆在 418 上面，让 8 与 1 上下对齐，然后撤去 418 的 4。

第三步，中行之实变成了 18，18 除以 5，估商为 3，三五十五，18 减 15，余 3。

第四步，将第二步所估之商 3 摆在 18 上面，让 3 与 8 上下对齐，然后撤去 18，将余数 3 摆在中行。

第五步，观察整个布局，上行之商为 83，中行之实剩 3，说明 418 除以 5，商是 83，余数是 3。418÷5 的筹算结果如图 4-9 所示。

上行布商：

中行之实余3：

下行法不动：

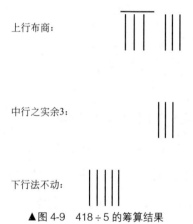

▲图 4-9　418÷5 的筹算结果

## 学会除法，独霸天下

古人做筹算，做珠算，与现代笔算原理相通，形式和术语不同。明朝珠算秘籍《算法统宗》有云："归除法者，单位者，曰归，位数多者，曰归除。"该书作者程大位整理出用算盘做除法的"归除法"：如果除数是个位数，这样的除法叫作"归"；如果除数是多位数，这样的除法叫作"归除"。

$418÷5$，$368÷4$，除数都是个位数，所以都是"归"。如果变成$5÷418$，$4÷368$，或者$300÷65$，$1038÷122$，形如这样的计算，除数都是多位数，都属于"归除"。

做归，用筹算合适，用珠算也合适，算起来都很简单。做归除，珠算远比筹算简单快捷，但却需要背熟一整套归除口诀，还要经过一段时间的实践操作，才能在算盘上熟练归除。

归除口诀很长，我们听得最多的应该是那句"二一添作五"。这句口诀的含义其实是$10÷2=5$——珠算时遇见$10$除以$2$，不用思考，马上在中间空当上拨出$5$。

　　"二一添作五"后面，是"逢二进一十"（20÷2=10）、"逢四进二十"（40÷2=20）、"逢六进三十"（60÷2=30）、"逢八进四十"（80÷2=40）、"三一三十一"（10÷3=3余1）、"三二六十二"（20÷3=6余2）、"逢三进一十"（30÷3=10）、"逢六进二十"（60÷3=20）、"逢九进三十"（90÷3=30）、"四一二十二"（10÷4=2余2）、"四二添作五"（20÷4=5）……最后直到"见八无除做九八"（80÷8=9余8）、"见九无除做九九"（90÷9=9余9）。

　　现代小朋友学习乘法，必须背熟九九乘法表；明清两代的小朋友学习除法，必须背熟上面这些归除口诀。背熟以后，遇到个位数除以个位数和两位数除以个位数，无须心算，也不用试商，迅速在算盘上拨出正确的商和余数。至于多位数除多位数，则能分解成个位数除以个位数或者两位数除以个位数。比如说10600÷20，相当于1060除以2，先拿10除以2，二一添作五，马上在中间空当拨出5；剩下60除以2，逢六进三十，马上又在中间空当数字5面后拨出30。前后最多两秒钟，10600÷20=530这个结果就跃然于算盘之上了。

　　《算法统宗》里收录了大量多位数相除习题，其中归除例题如图4-10所示。我们改编一道，让读者体验一下珠算除法的强大。

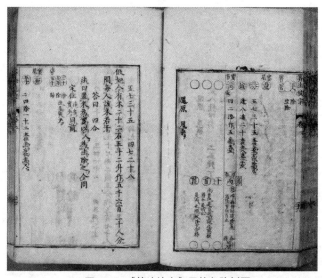

▲图4-10　《算法统宗》里的归除例题

"今有米二十石，作五万人分之，问每人该米若干？"现在有米 20 石，平均分给 50000 人，每人能分到多少米呢？

第一步，置盘定位。实（被除数）为 20，法（除数）为 50000，可将实化为 2，将法化为 5000。在算盘左侧合适位置拨出 2，在右侧合适位置拨出 5（算盘无法直接表示零，我们只能在心里记住这个 5 代表 5000）。

第二步，单归计算。2÷5，五二倍做四，在中间合适位置拨出 4，也可以直接将被除数 2 拨为 4。

第三步，读出结果。商拨为 4，实际上前面还有三个小数零，应该读为 0.0004。

20 石米，50000 人均分，每人能分 0.0004 石，即 0.004 斗，或 0.04 升，或 0.4 合，或者 4 勺。勺、合、升、斗、石，均为古代容量单位，相邻单位之间均为十进制关系。

《算法统宗》诞生于万历二十年，即 1592 年。那时候，《碧血剑》的主人公袁承志尚未出生，《倚天屠龙记》的主人公张无忌应该已去世，《笑傲江湖》的主人公令狐冲也许健在，但是《笑傲江湖》没有明写历史背景，所以我们并不能确定令狐冲与《算法统宗》的作者程大位孰先孰后。不管怎么说，至少从 16 世纪末开始，算盘已经成为中国最重要也最走红的计算工具，用算盘做加减、做乘除、做开方、做乘方，乃至解方程、推历法，种种算法均已十分成熟。

不过，16 世纪末，在东邻日本，算盘才刚刚传入，绝大多数日本人还没有掌握珠算，甚至于连除法都不会。那时候日本人做除法，要通过累减才能完成。日本早稻田大学图书馆收藏的《算法统宗》，如图 4-11 所示。

比如说，6÷2，日本人的算法是让 6 减 2，再减 2，再减 2。累减 3 次，6 变为 0，所以 6 除以 2 的商是 3。

再比如说，13÷5，要让 13 减 5，再减 5。累减 2 次，13 变为 3，再减 5，不够减，所以 13 除以 5 的商是 2，余 3。

又比如说，1000÷2，这就难了，要不停地减 2，减 1 次，减 2 次，减 3 次……

减到 500 次以后，1000 才变为 0。这样计算，既耗时，又容易出错，减着减着，就忘记减了多少次，也忘了还剩下多少尚未减。

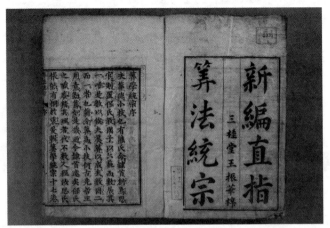

▲图 4-11 日本早稻田大学图书馆收藏的《算法统宗》

更要命的是，2÷1000，小数除以大数，这种算式不仅合乎数学规范，而且拥有实际意义（例如把 2 石米均分给 1000 个人），但在日本人眼里却成了怪题，因为他们用 2 减 1000，根本没法减。

是日本人太笨吗？不能这么说。古埃及、古希腊、古罗马，都拥有灿烂的数学文明，但是留下来的数学典籍和数学手稿也都没有涉及除法。用累减来进行除法运算，或者把除法运算理解成累减，极可能是原始数学的共同特征。中国汉朝的数学典籍《九章算术》就非常详细地介绍了筹算除法，明朝数学典籍《算法统宗》又非常详细地介绍了珠算除法，这是特例，是中国数学在某些领域一度领先于世界的证明。

16 世纪末或者 17 世纪初，日本数学家毛利重能（もうり しげよし，生卒年待考，江户时代的和算大师）读到了《算法统宗》，如获至宝。他比葫芦画瓢，按照书本介绍的算法，一步一步学会了各种珠算技巧。然后毛利重能在京都办起私塾，开班授徒，将他学会的算法传授给更多的日本人。他在私塾大门上高悬招牌，招牌上写的是"天下第一割算指南所"。毛利重能撰写的《割算书》如图 4-12

所示，现藏于日本早稻田大学图书馆。

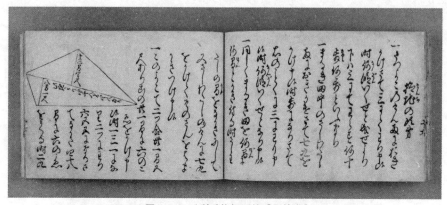

▲图 4-12　毛利重能撰写的《割算书》

　　割算，在日语里就是除法。天下第一割算指南所，这是毛利重能的广告和自我吹嘘，意思是说他所开办的私塾，是日本最牛的除法运算指导中心。

　　你看，仅仅掌握了除法这一项技能，就可以自称天下第一了，小朋友们有什么理由不把除法学好呢？

# 九章开方术

与日本数学和西方数学相比，中国数学在某些领域确实比较早熟。比如说，最早认识到负数的存在，最早用负数求解方程组，最早把圆周率准确推算到小数点后第七位，最早发展出成熟的除法运算……

还有一项技能可以证明中国数学的早熟——开平方。

我们知道，求一个数的平方很容易，让这个数乘以它自身就行了。平方运算在《九章算术》以及后来的数学典籍里比比皆是，古代中国数学家称之为"自乘"。例如3的平方，就是让3自乘，也就是$3 \times 3$，结果是9。15的平方，就是让15自乘，也就是$15 \times 15$，结果是225。汉唐时期的筹算，明清时期的珠算，都有清晰的自乘方法和完备的自乘规则。算一个数的平方，哪怕是一个很大很大数字的平方，对中国古人来讲，都像砍瓜切菜一样容易。

可是开平方呢？怎么用算筹或者算盘对一个大数开平方呢？说说容易：开方是乘方的逆运算，开平方是平方的逆运算。真正算起来要难得多，不信你问一些上过大学的成年人，让他们不借助计算器和计算机，全靠手工，对一个三位数或者五位数开平方，他们十有八九不会做。

正在读初中的小朋友倒有可能算得出来，因为初中数学课本上介绍过手动开平方的基本流程。虽然这部分内容在多数版本的数学教材上都是选修，但一个学生只要留心，就能掌握手动开平方的技能。

我们随便选一个三位数，729，现在对它开平方。

第一步，将被开方数分段，从右向左，每两位划成一段，用撇号分开。即把729分成7'29。

第二步，从左向右，分段开方，先对7开方，三三得九，3的平方是9，大于7，所以7的平方根不可能大于3，只能写成2。我们在7的上面写2，表明729的平方根是个两位数，这个两位数的十位是2。

第三步，二二得四，2的平方等于4，用7减4，还余3，在7'29下面一行写上329。也就是说，如果用20作为729的平方根，那么还有329没被开方。

第四步，用329作为被除数，用2和20的乘积40作为除数，两者试除，商为8。将8乘以40，再加上8的平方，结果是384，大于329。所以要退商，用7乘以40，再加上7的平方，结果是329。329减329，余数为0，于是我们在29的上面写7。

第五步，验算，7'29上面是27，让27自乘，恰好等于729，说明729的平方根就是27。

以上开方过程，既用到了乘法，也用到了除法，又比列竖式做乘法和列除式做除法要复杂。其中最复杂的步骤，是试商：让第一步得到的商乘以20，再与没开方完的数相除，得到一个新的商；再拿这个新的商乘以第一步的商，再乘以

20，再加上新商的平方，再与没开方完的数相比较，如果新商偏大，就要减小（退商），如果新商偏小，就要增大（补商）。

对小朋友来讲，难以理解的不是计算步骤，而是为什么要让原商乘以20，为什么要与没开方完的数相除，如此估出一个新商，新商为什么还要乘以原商并且再乘以20，还要再加上新商的平方。

其实这个算法的原理早在汉朝就被中国数学家解释透彻了，它依据的是完全平方公式：$(a+b)^2=a^2+2ab+b^2$。

刚才算 729 的平方根，将这个数分成 7 和 29 两段，相当于分成 700+29。先对 700 开平方，估算出 700 的平方根大于 20、小于 30。然后在 7 的上面写出平方根的十位数值 2，相当于设 729 的平方根是 20+x，进而列出方程：$(20+x)^2=729$。用完全平方公式把方程左边展开：$(20+x)^2=20^2+x^2+2\times20\times x=400+x^2+40x=729$。把常数项移到右侧：$x^2+40x=729-400=329$。用 329 除以 40，估出 $x\approx8$，将 8 代入 $x^2+40x$，得数是 384，超过了 329，于是退商，将估到的新商 8 减为 7。再把 7 代入 $x^2+40x$，得数恰好是 329。于是我们完美地解出了 $(20+x)^2=729$ 这个方程，得出 x=7。因为 $(20+7)^2=729$，所以 729 的平方根就是 27。

趁热打铁，我们再用同样的原理计算 50625 这个五位数的平方根。

还是将被开方数分段，分成 5'06'25。先对 5 开方，得 2。5 减 2 的平方，余 1，把 106 写在下行，让 106 除以（2×20），估出新商为 2。再让 2 乘以原商 2，再乘以 20，再加上 2 的平方，得 84。让 106 减 84，余 22。这个 22 代表 2200，2200 再加被开方数的最后一段 25，得 2225。让 2225 除以（22×20），估出又一个新商 5。再让 5 乘以 20，再乘以 22，再加上 5 的平方，恰好等于 2225。将每一步所得的商写在上面，是 225，所以 50625 的平方根是 225。50625 的手算开平方过程如图 4-13 所示。

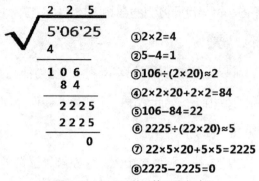

①2×2=4
②5−4=1
③106÷(2×20)≈2
④2×2×20+2×2=84
⑤106−84=22
⑥2225÷(22×20)≈5
⑦22×5×20+5×5=2225
⑧2225−2225=0

▲图 4-13　50625 的手算开平方过程

　　用文字叙述整个过程，既啰唆又难懂，估计很多人会看懵。如果把手算开方过程写在纸上，那就清楚多了。

　　早在两千多年前，中国数学家就用这种方法开平方。这种开方算法载于《九章算术》，数学史上称作"九章开方术"。

## 瑛姑怎样开平方？

汉朝以降，开方算法不断改进，从开平方发展到开立方，从开立方发展到开任意高次方，依据的原理从完全平方公式［$(a+b)^2=a^2+2ab+b^2$］到完全立方公式［$(a+b)^3=a^3+3a^2b+3ab^2+b^3$］，再从完全立方公式到二项式定理［将$(a+b)$的任意高次方展开为多项式之和，其中多项式系数表示成三角形的几何排列，数学史上称为"贾宪三角"或"杨辉三角"］。

特别是在宋朝，开方算法突飞猛进，空前发达，贾宪（北宋数学家，生卒年待考）发明了能解高次方程以及能开高次方的"增乘开方术"，还发明了同样能开高次方但计算速度更快的"立成释锁开方术"。在此基础上，宋朝另外两位数学家杨辉和秦九韶又发明和完善了能求解更复杂高次方程的"正负开方术"。

不过，就像做乘法和做除法都不借助笔算一样，古代中国的数学家也不习惯在纸上列算式做开方。从汉朝到宋朝，无论是九章开方术，还是增乘开方术，抑或是立成释锁开方术和正负开方术，古人都用算筹来完成；大概到了明朝，才开始用算盘做开方，如图 4-14 所示。

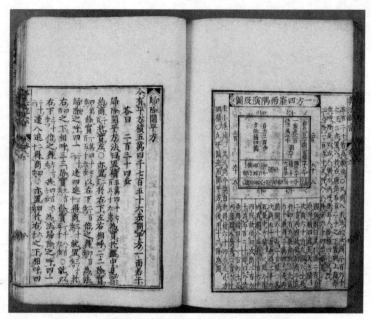

▲图 4-14　明代算书《算法统宗》介绍用算盘开平方的方法

《射雕英雄传》第二十九回，南帝的前妻、周伯通的女友、"神算子"瑛姑，隐居在黑沼茅屋，独自一人研究数学，不与外界进行学术交流，整天用算筹刷题。金庸先生描写的这段情节，正符合宋朝及宋朝以前数学家的日常。

原文是这么写的：

黄蓉坐了片刻，精神稍复，见地下那些竹片都是长约四寸，阔约二分，知是计数用的算子。再看那些算子排成商、实、法、借算四行，暗点算子数目，知她正在计算五万五千二百二十五的平方根，这时"商"位上已记算到二百三十，但见那老妇拨弄算子，正待算那第三位数字。黄蓉脱口道："五！二百三十五！"

那老妇吃了一惊，抬起头来，一双眸子精光闪闪，向黄蓉怒目而视，随即又低头拨弄算子。这一抬头，郭、黄二人见她容色清丽，不过四十左右年纪，想是思虑过度，是以鬓边早见华发。那女子搬弄了一会，果然算出是"五"，抬头又向黄蓉望了一眼，脸上惊讶的神色迅即消去，又见怒容，似乎是说："原来是个小姑娘。你不过凑巧猜中，何足为奇？别在这里打扰我的正事。"顺手将"二百三十五"五字记在纸上，又计下一道算题。

　　文中"算子"即是算筹。瑛姑为了给 55225 开平方，将算筹排成四行，上下分开，从上到下依次是：商、实、法、借算。

　　在这里，"商"是平方根，"实"是被开方数，"借算"是在最下一行的个位上布置一枚算筹，表示对一个未知数求平方。"法"比较复杂，它会不断变化，如果对一个多位数开平方，法最初是平方根最高位的平方，然后将变成平方根次高位的20倍再乘以平方根最高位，再加上次高位的平方。很难理解是吧？没关系，跟着瑛姑算一遍就明白了。

　　瑛姑计算 55225 的平方根时（图 4-15），先将这个数用算筹摆在一片空地上，称为"实"；上面留出一行，摆平方根，称为"商"；下面留出两行，最下一行放一根算筹，称为"借算"，倒数第二行用来放"法"。

商：

实：

法：

借算：

▲图 4-15　瑛姑为 55225 开平方的算筹摆法

　　为了叙述上的方便，我们姑且用阿拉伯数字来代替算筹。将 55225 分成三段，第一段是 5，第二段是 52，第三段是 25。先对第一段 5 开平方，得 2，将 2 摆在 5 的上面，称为"初商"。二二得四，初商的平方是 4，将 4 摆在 5 的下面，这个 4 就是第一步运算得到的"法"。

5 减 4 得 1，把 55225 的第二段 52 拉下来，与 1 并列，得 152。对 152 开方，需要估商（即估根）。怎么估？用初商 2 乘以 20，得 40，再用 152 除以 40，估商为 3。再用 3 乘以 20，再乘以初商 2，再加上 3 的平方，得 129。这个 129，就是第二步运算得到的"法"。

拿 152 去减 129，余 23。将 55225 的第三段 25 拉下来，与 23 并列，得 2325。对 2325 开方，又需要估商。怎么估？方法同前。初商 2，次商 3，合起来是 23，拿 23 乘以 20，得 460，再用 2325 除以 460，估商为 5。再用 5 乘以 20，再乘以 23，再加上 5 的平方，得 2325。这个 2325，就是第三步运算得到的"法"。

拿 2325 减 2325，余 0，说明前面每一步估的商都刚好准确，刚好能将 55225 完全开方。看算筹最上一行的"商"，初商为 2，次商为 3，第三步商为 5。看算筹第三行的"法"，已经消为 0，说明没有余数。所以，55225 的平方根是 235。

金庸先生原文中，瑛姑算 55225 的平方根，已经摆出了初商 2 和次商 3，还不知道平方根最后一位是几，正在专心致志继续算。黄蓉一瞧地上算筹，马上给出答案："五！二百三十五！"瑛姑不信，接着算，结果与黄蓉仅凭心算得出的答案一样。这说明什么？说明黄蓉精通开方术，也说明黄蓉的心算能力很强。

## 传说中的开平方机器

唐朝末年有一篇传奇故事，篇名《虬髯客传》，讲了三个人的故事。其中一人，是大唐元勋李靖；还有一人，是传说当中李靖的妻子红拂；另外一人，是倾慕于红拂美色，又与红拂结为兄妹的江湖奇人，此人满面虬髯，号称虬髯客。

说是李靖年轻时，渴望建功立业，前去拜见隋朝权臣杨素，却被杨素府上的美貌侍女红拂看中。红拂与李靖私奔，途中遇见虬髯客，机缘巧合，与虬髯客结为兄妹。虬髯客爱慕红拂，爱屋及乌，将万贯家财赠予李靖，帮助李靖成为唐朝开国功臣。虬髯客自己呢？主动退出，飘然远去，多年以后，在异国称王。

几十年前，王小波先生改编唐传奇，根据这篇《虬髯客传》，创作了一部长篇小说，取名为《红拂夜奔》。开篇浓墨重彩，描写李靖的聪明多智、多才多艺。

书中李靖不仅会写小说，会画画，会讲波斯语，还会发明各种机器。

《红拂夜奔》原文写道：

他发明过开平方的机器，那东西是一个木头盒子，上面立了好几排木杆，密密麻麻，这一点像个烤羊肉串的机器。一侧上又有一根木头摇把，这一点又像个老式的留声机。你把右起第二根木杆按下去，就表示要开 2 的平方。转一下摇把，翘起一根木杆，表示 2 的平方根是 1。摇两下，立起四根木杆，表示 2 的平方根是 1.4。再摇一下，又立起一根木杆，表示 2 的平方根是 1.41。千万不能摇第四下，否则那机器就会哗啦一下碎成碎片。这是因为这机器是槽朽的木片做的，假如是硬木做的，起码要到求出六位有效数字后才会垮。

他曾经扛着这台机器到处跑，寻求资助，但是有钱的人说，我要知道平方根干什么？一些木匠、泥水匠倒有兴趣，因为不知道平方根，盖房子的时候有困难，但是他们没有钱。直到老了之后，卫公才有机会把这发明做好了，把木杆换成了铁连枷，把摇把做到一丈长，由五六条大汉摇动，并且把机器做到小房子那么大，这回再怎么摇也不会垮掉，因为它结实无比。这个发明做好之后，立刻就被太宗皇帝买去了。这是因为在开平方的过程中，铁连枷挥得十分有力，不但打麦子绰绰有余，人挨一下子也受不了。而且摇出的全是无理数，谁也不知怎么躲。太宗皇帝管这机器叫"卫公神机车"，装备了部队，打死了好多人，有一些死在根号二下，有些死在根号三下。不管被根号几打死，都是脑浆迸裂。

王小波文笔幽默，想象奇特，将李靖发明的开平方机器描绘得有声有色。遗憾的是，李靖并没有发明过这样的机器，唐朝其他人也没有发明过。

假如说，有这么一个古人（不限于中国的古人），他懂得开平方的原理，又精通开平方的算法，还擅长设计精巧的机械，那他能不能做出一台开平方机呢？

绝对可以。

古代中国流行的几种开方算法，例如九章开方术、增乘开方术、正负开方术、立成释锁开方术，都严格遵循十进制，都有严谨的计算流程，都可以翻译成计算机程序，都可以用简单的、机械化的代码来描述和实现。既然用简单代码就能实现，那么用机械设计也能实现。

例如南宋秦九韶介绍的正负开方术，又叫作"秦九韶算法"，将计算过程相对复杂的九章开方术简化成多次乘法和多次加法，算法清晰简便，用现在流行的编程语言 Java 来实现，只需要几行代码：

```java
import java.util.Scanner;

public class QinJs {
    public static void main(String[] args){
        int n;
        double x;
        Scanner scan=new Scanner(System.in);
        // n 表示 n 次多项式
        System.out.println("在此输入 n:");
        n=scan.nextInt();
        System.out.println("在此输入 x:");
        x=scan.nextDouble();
        // C 表示系数
        double[] C=new double[n+1];
        System.out.printf("在此输入%d 个系数 (a0, a1, a2....
an):\n", n+1);
        for(int i=0;i<n+1;++i) {
            C[i]=scan.nextDouble();
        }
        double ans=C[n];
        for(int i=n-1;i>=0;--i) {
            ans=ans*x+C[i];
        }
        System.out.println(ans);
    }
}
```

再看西方世界，伟大的经典物理学家牛顿曾经借助解析几何进行推导，发明了一种通过简单迭代运算进行开平方的算法，叫作"牛顿迭代法"，用现在流行的另一种编程语言 Python 来实现，也只需要几行代码：

```
from easygui import *
def sqr(n):
  if n<0:
      return False
  elif n==0:
      return 0
  else:
      xn=int(input("请先估出一个平方根:"))
      i=0
      while xn*xn-n != 0 and i<10:        #当计算精度达到要求，
或者迭代次数超过 9 时，停止迭代
          i=i+1
          xn1=(xn+n/xn)/2
          xn=round(xn1,4)
          time.sleep(1)
          print("目前进行第",i,"次牛顿迭代，算出平方根为",xn)
      print("终止迭代运算,",n,"的平方根应该是",xn)
from easygui import *
n=float(enterbox(msg="想求哪个数的平方根?",title="数据输入"))
sqr(n)
```

顺便说一下，我们现在使用的计算器，包括各种计算机操作系统自带的那些计算器软件，它们的开平方功能大多是用牛顿迭代法编程实现的。

古人要造计算器，没办法编程，但是能用一组大小不等的齿轮完成加法运算。能做加法，那就能做减法和乘法，因为减法是加法的逆运算，乘法又可以转化为加法。所以，一套设计合理的齿轮装置，可以自动做加减法和乘法。有了做加减法和乘法的功能，再想办法用上秦九韶算法或者牛顿算法的原理，就能用一套齿轮机进行开平方了。

1642 年，法国数学家布莱斯·帕斯卡（Blaise Pascal，1623 年—1662 年）发明了一款齿轮加法器，能做加法和减法。

1671 年，德国数学家莱布尼茨（Gottfried Leibniz，1646 年—1716 年）发明了一款新的齿轮加法器，能做加减法和乘法，如图 4-16 所示。此后二三十年，莱布尼茨不断改进他的加法器，让它不但能做乘法，还能做除法，甚至能做一些比较简单的开方运算，前提是需要懂得开方原理的专业人士来操作。

▲图 4-16　德国数学家莱布尼茨发明的齿轮式计算器

莱布尼茨改进后的齿轮式计算器结构复杂，装在一个长方形的木盒子里面，侧面和前面各有一个摇把。我们来回忆一下王小波对李靖开平方机器的描述："那东西是一个木头盒子""一侧上又有一根木头摇把"。显而易见，王小波笔下开平方机器的原型，应该就是莱布尼茨的计算器。只不过，王小波没有让李靖使用齿轮，而是使用杠杆。作为计算工具，杠杆的精密程度比齿轮差得太远，真用杠杆去做一台开平方机器，难度会极大。

# 第五章
# 三角在手，
# 天下我有

## 活死人墓的面积怎么算？

金朝和元朝统治中原之时，道教的一个分支"全真教"非常兴盛，不但成了道教的代表，而且成了全体宗教的代表。到了元朝，全真教历代掌教都身受皇封，除了掌管全真教，还兼任天下出家人的总头领。

这么厉害的教派，创始人是谁呢？就是《射雕英雄传》中始终没有登场但武功始终天下第一的"重阳真人"王重阳。

历史上确实有王重阳，他是陕西人，一出生就受到金国管辖，长大后参加过金国的科举考试，据说还中过举人，但没有当官。大约到了中年时期，王重阳为了参透人生真谛，在终南山下掘地成坟，隐居在墓穴之中，并给这座墓穴取名"活死人墓"。

到了金庸先生笔下，王重阳成为抗金义士，他的活死人墓外表作坟墓形状，内部暗藏玄机，结构精巧，规模宏大，不仅是修行场所，也是易守难攻的地下堡垒、贮藏粮草的地下仓库。抗金失败后，王重阳退隐山林，专心修道，把活死人墓让给了女侠林朝英。林朝英死后多年，该墓又被林朝英的徒孙小龙女继承。小龙女不关心政治，活死人墓完全失去了战略意义，成了小龙女的住宅和练功场……

　　《神雕侠侣》第六回，杨过拜在小龙女门下，修习古墓派武功，见墓中机关重重，还有一间又一间石室，杨过便在那些石室中练功。有一天，小龙女带他走进一间形状奇特的石室："前窄后宽，成为梯形，东边半圆，西边却作三角形状。"（图 5-1）杨过问道："姑姑，这间屋子为何建成这个怪模样？"小龙女解释道："这是王重阳钻研武学的所在，前窄练掌，后宽使拳，东圆研剑，西角发镖。"杨过在这石室中走来走去，只觉莫测高深。

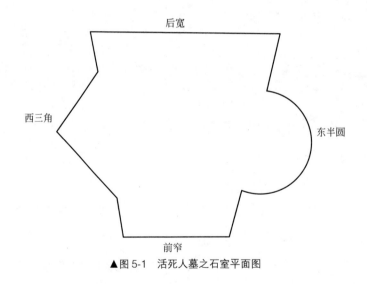

▲图 5-1　活死人墓之石室平面图

　　假如杨过是现代人，手里拿着智能手机，手机上装有测量软件，他在石室中走来走去，测量软件会显示他走过的路径，以及路径的长度。如果他贴着石室的墙根儿走上一圈，又能让测量软件画出那间石室的平面图，就能报出石室的周长和面积。

杨过是现代人吗？不是。他有智能手机吗？没有。他要想知道石室的面积，只能手工量算。可那间石室形状古怪，非方非圆，竟是梯形、半圆和三角形的组合。

梯形面积怎么算？上底加下底，乘以高，再除以 2。杨过只需分别量出梯形部分的上底长度、下底长度和高度，即可求出这部分的面积。

半圆面积怎么算？半径的平方乘以圆周率，再除以 2。杨过量出半圆部分的直径，除以 2 得到半径，半径乘半径，再乘 3.14，再除以 2，即可求出这部分的面积。

三角形面积呢？更简单了，底乘以高，再除以 2。不过，底容易量，高不易测。要想准确量出一个三角形的高，先要准确画出这个三角形的高。高怎么画？从顶点出发，往底线画垂线。古人画圆用规，画方用矩。要画垂线，也要用矩。如果没矩，只能目测，画的垂线不一定垂直，量出的高度未必准确。假如杨过只有一把量长度的直尺，却没有携带画垂线的矩，那他怎么量算三角形的面积呢？

其实这个问题在量算梯形面积的时候就产生了——求梯形面积，要量梯形的高，而量梯形的高，须在梯形上底和下底之间画一根垂线。杨过没矩，就画不出垂线，就量不出梯形的高，就无法准确得到梯形的面积。

那怎么办？

只有用一种公式，海伦·秦九韶公式。

杨过是元朝人，在他出世之前，南宋数学家秦九韶推导出一种全新的三角形面积计算方法——无须作垂线和测量高度，只要量出三边之长，就能计算三角形地块的面积。用公式表示，可以写成：

$$S=\frac{1}{2}\sqrt{a^2c^2-\frac{1}{4}(a^2+c^2-b^2)^2}$$

式中，$S$ 为三角形面积；$a$、$b$、$c$ 分别为三角形三个边的长度。

该方法载于秦九韶《数书九章》，被秦九韶命名为"三斜求积术"。巧合的是，在古希腊数学家海伦（Heron of Alexandria，公元1世纪在世，生平不详）的著作《测地术》中，也记载了用三角形边长推算面积的方法，可用公式写成：

$$S = \sqrt{p(p-a)(p-b)(p-c)}$$

式中，$S$ 为三角形面积；$a$、$b$、$c$ 为三边长度；$p$ 为三角形周长的一半，即 $p = \frac{1}{2}(a+b+c)$。

秦九韶的三斜求积术与海伦算法近似，都摆脱了底和高的限制，只用三个边长就能得到面积，所以在当今国际数学界，三斜求积术和海伦算法被统一命名为"海伦·秦九韶公式"。

根据海伦·秦九韶公式，杨过可用一把直尺量出石室三角形部分的边长，求出这部分的面积；再把梯形部分对角分割，分成两个三角形，分别量出两个三角形的边长，分别求出两个三角形的面积，两者相加，即是梯形面积。最后将半圆、三角和梯形面积加起来，即是那间石室的总面积。

《数书九章》载有例题："问沙田一段，有三斜，其小斜一十三里，中斜一十四里，大斜一十五里，欲知为田几何？"一大块三角形沙田，三边长度分别为13里、14里、15里，求这块沙田的面积。

套用三斜求积术，$a$=13，$b$=14，$c$=15，则

$$S = \frac{1}{2}\sqrt{a^2c^2 - \frac{1}{4}(a^2 + c^2 - b^2)^2} = \frac{1}{2}\sqrt{13^2 \times 15^2 - \frac{1}{4}(13^2 + 15^2 - 14^2)^2} = 84$$

套用海伦公式，$a$=13，$b$=14，$c$=15，$p$=（13+14+15）÷2=21，则

$$S = \sqrt{p(p-a)(p-b)(p-c)} = \sqrt{21 \times (21-13) \times (21-14) \times (21-15)} = \sqrt{7056} = 84$$

两种算法结果相同，算出的沙田面积都是84平方里，说明三斜求积术和海伦公式是等价的。

中国古人统计地块面积，会将平方里折算为亩。1平方里是9万平方步，240平方步为1亩，84平方里乘以9万再除以240，相当于3.15万亩。

活死人墓应该没有几万亩那么大，它外观像坟墓，内部由多间石室构成，每

间石室大小不等，形状不一，但只要不是特别不规则的形状，就一定能分割成方形、圆形和三角形（所有多边形都能分割成三角形）。方形面积可用长宽相乘求之，圆形面积可用半径平方乘以圆周率求之，三角形面积可用海伦·秦九韶公式求之。如此分割测量，分步计算，可以算出每间石室的面积。将所有石室面积汇总起来，就是活死人墓的可使用面积。

小学生学过三角形面积的最简计算公式：三角形面积 = 底 × 高 ÷ 2。之所以说这个公式最简单，是因为它最容易推导：将平行四边形沿对角分割，得到两个同底同高的三角形，每个三角形的面积是平行四边形的一半，并且每个三角形的底都是平行四边形的底，高都是平行四边形的高。已知平行四边形面积等于底乘高，所以三角形面积等于底乘高再除以 2。

用三斜求积术计算三角形面积，无论是计算过程还是证明过程，都比底乘高再除以 2 要抽象。南宋数学家秦九韶在《数书九章》里只给了三斜求积的解题思路，但没有写出证明过程。

他的解题思路是这样的："以小斜幂，并大斜幂，减中斜幂，余半之，自乘于上；以小斜幂乘大斜幂，减上，余四约之，为实；一为从隅，开平方得积。"

翻译成现代汉语，意思是列一个方程，左项是三角形面积的平方 $S^2$，右项包括该三角形三个边长的平方 $a^2$、$b^2$、$c^2$，左右两项的关系是 $S^2 = [a^2 \times b^2 - (a^2 + b^2 - c^2)^2 \div 4] \div 4$。将 $a$、$b$、$c$ 三个边长的实际值代入，能算出右项，再对右项开平方，得数就是三角形的面积 $S$。

如此怪异的解题思路，秦九韶是怎么鼓捣出来的呢？他没写过程，但我们可以猜。

秦九韶时代，勾股定理已是常识，如果画一个三角形，从任意一角出发，向对边作垂线，以此为高，再用勾股定理一步一步推导，最终能把高约掉，还原出秦九韶的三斜求积思路。推导过程详见图5-2。

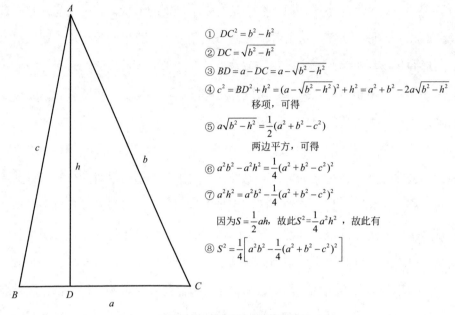

① $DC^2 = b^2 - h^2$

② $DC = \sqrt{b^2 - h^2}$

③ $BD = a - DC = a - \sqrt{b^2 - h^2}$

④ $c^2 = BD^2 + h^2 = (a - \sqrt{b^2 - h^2})^2 + h^2 = a^2 + b^2 - 2a\sqrt{b^2 - h^2}$

移项，可得

⑤ $a\sqrt{b^2 - h^2} = \frac{1}{2}(a^2 + b^2 - c^2)$

两边平方，可得

⑥ $a^2 b^2 - a^2 h^2 = \frac{1}{4}(a^2 + b^2 - c^2)^2$

⑦ $a^2 h^2 = a^2 b^2 - \frac{1}{4}(a^2 + b^2 - c^2)^2$

因为 $S = \frac{1}{2} ah$，故此 $S^2 = \frac{1}{4} a^2 h^2$，故此有

⑧ $S^2 = \frac{1}{4}\left[ a^2 b^2 - \frac{1}{4}(a^2 + b^2 - c^2)^2 \right]$

▲图 5-2　三斜求积术的推导过程

经过这么一番推导，我们得到这个公式：

$$S^2 = \frac{1}{4}\left[ a^2 b^2 - \frac{1}{4}(a^2 + b^2 - c^2)^2 \right]$$

两边开平方，即可得到：

$$S = \frac{1}{2}\sqrt{a^2 b^2 - \frac{1}{4}(a^2 + b^2 - c^2)^2}$$

## 勾股术

　　显而易见，三斜求积术植根于勾股定理之上，它是勾股定理旁逸斜出的枝叶。

　　什么是勾股定理呢？上过初中的人都知道：任意一个直角三角形，两条直角边的平方和一定等于斜边的平方，这个定理就是勾股定理。用公式表示，可以写成 $a^2+b^2=c^2$，其中 $a$、$b$ 是直边，$c$ 是斜边。

　　当然，古代中国数学家绝对不会使用 $a$、$b$、$c$ 等字母，他们将直角三角形的三个边分别命名为"勾""股""弦"。勾和股代表两条直角边，弦代表斜边。

　　现存于世的古代中国数学典籍当中，《周髀算经》是最早的，大约成书于公元前 1 世纪，早于古希腊数学家海伦《测地术》的问世。《测地术》记载了只用三边求出三角形面积的海伦公式，而《周髀算经》却记载了勾股定理的一个特例："勾三，股四，弦五。"即某直角三角形的一条直边长度为 3，另一条直边长度为 4，斜边长度一定是 5。

到了汉朝，《九章算术》一书问世，单列一章"勾股术"，该章包括一些文字和若干例题，将勾股定理的定义和实用价值解释得淋漓尽致。

开头文字部分写道："勾、股各自乘，并而开方除之，即弦；又股自乘，以减弦自乘，其余开方除之，即勾；又勾自乘，以减弦自乘，其余开方除之，即股。"

"自乘"即平方，"并"即相加，"减"即相减，"开方除之"即求平方根。这段文字相当于以下三个公式：

① $\sqrt{a^2+b^2}=c$（勾、股各自乘，并而开方除之，即弦）

② $\sqrt{c^2-b^2}=a$（股自乘，以减弦自乘，其余开方除之，即勾）

③ $\sqrt{c^2-a^2}=b$（勾自乘，以减弦自乘，其余开方除之，即股）

例题共有二十余道，下面挑几道典型的，分享给大家。

例题一："今有圆材，径二尺五寸，欲为方版，令厚七寸，问广几何？"某根圆木头，直径25寸，现在把这根木头加工成截面为长方形的柱子，并让柱子厚达7寸，请问柱子的宽度应该是多少？

画出圆木的截面，并在圆木截面里画出柱子的截面。柱子截面为长方形，根据题意，这个长方形宽（厚）7寸，对角线25寸。该长方形的长、宽、对角线，恰好构成直角三角形，已知斜边长度和一条直角边的长度，求另一条直角边的长度。例题一中的圆木见图5-3。

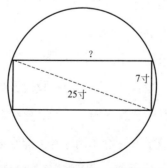

▲图5-3 勾股术例题一（圆木刨方）

$$a=\sqrt{c^2-b^2}=\sqrt{25^2-7^2}=24$$

答：柱子的宽度应该是 24 寸。

例题二："今有池，方一丈，葭生其中央，出水一尺。引葭赴岸，适与岸齐。问水深、葭长各几何？"一个正方形水池，边长 10 尺（1 丈为 10 尺），正中央有一棵芦苇，水面以上高 1 尺。将这棵芦苇引向池边，芦苇末梢恰好能与池岸相接。求池水的深度以及芦苇的长度。

画出水池及芦苇示意图（图 5-4）。池宽 10 尺，芦苇居中，所以，芦苇没被斜引向池边时，距水池左岸距离 $AE$ 为 5 尺，芦苇露出水面的高度 $DE$ 为 1 尺。当芦苇被牵引，末梢与左岸相接时，$AE$、$EC$ 和芦苇长度 $AC$ 共同构成直角三角形。如能求出 $EC$，就得到池水的深度；如能求出 $AC$，则得到芦苇的长度。

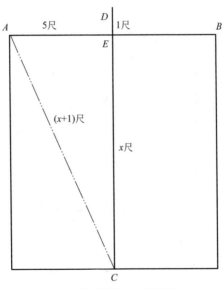

图 5-4　勾股术例题二（芦苇测水）

设水深 $EC$ 为 $x$ 尺，则 $x+1$ 为 $AC$（$CE+DE=AC$），根据勾股定理：

$$AE^2+EC^2=AC^2$$

即
$$5^2+x^2=(x+1)^2$$

解方程，得 $x=12$，$x+1=13$。

答：水深 12 尺，芦苇长 13 尺。

　　例题三：“今有立木，系索其末，委地三尺。引索却行，去本八尺而索尽。问索长几何？”一根竖立的木桩，顶端系着一条长绳。长绳自然下垂，一部分堆在地面，堆在地面的部分长有3尺。拽着这条绳往后走，走到距离木桩8尺远的地方，长绳末梢刚好与地面相接，求绳长。

　　画出木桩及绳索示意图（图5-5）。图上AB为木桩高度，未知，可设为x尺。根据题意，绳长AC为（x+3）尺，线段BC为8尺。BC、AC、AB构成直角三角形，用勾股定理列出等式和方程。

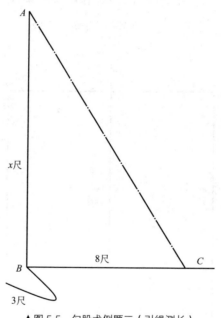

▲图5-5　勾股术例题三（引绳测长）

$$AB^2+BC^2=AC^2$$

即　　　　　　　　　　　　$$x^2+8^2=(x+3)^2$$

解方程，得 $x \approx 9.2$，$x+3 \approx 12.2$。

答：绳长12.2尺。

　　例题四：“今有垣高一丈，倚木于垣，上与垣齐。引木却行一尺，其木至地，问木长几何？”墙高10尺，将木杆斜架于墙头之上，木杆末梢与墙头相接；抓起木杆底端，后退 1 尺，木杆末梢刚好从墙头滑落至地，与墙根相接。求木杆的长度。

　　画出墙与木杆的示意图（图 5-6）。已知墙高 *AB* 为 10 尺，木杆拖行距离 *DC* 为 1 尺。设杆长 *AC* 为 *x* 尺，则 *BD* 等于 *AC*，也是 *x* 尺（木杆斜搭在墙上时，与平躺在地上时的长度相同），则 *BC* 为（*x*−1）尺。因为 *AB*、*BC*、*AC* 构成直角三角形，根据勾股定理，列出等式和方程。

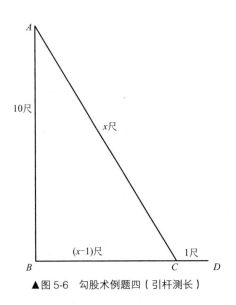

▲图 5-6　勾股术例题四（引杆测长）

$$AB^2 + BC^2 = AC^2$$

即
$$10^2 + (x-1)^2 = x^2$$

解方程，得 *x*=50.5。

　　答：杆长 50.5 尺。

　　例题五："今有户，高多于广六尺八寸，两隅相去适一丈。问户高、广各几何？"有一扇门，高度比宽度多了 6.8 尺，对角线长 10 尺，求这扇门的高度和宽度。

　　画出这扇门的示意图（图 5-7），图中 *AC* 长 10 尺。设门宽 *BC* 为 *x* 尺，因为门高 *AB* 比门宽多 6.8 尺，故而 *AB* 为（*x*+6.8）尺。根据勾股定理，列出等式和方程。

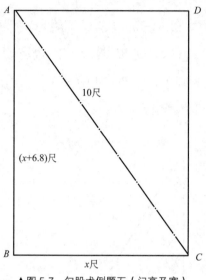

▲图5-7 勾股术例题五（门高及宽）

$$AB^2+BC^2=AC^2$$

即
$$(x+6.8)^2+x^2=10^2$$

解方程，得 $x=2.8$，$x+6.8=9.6$。

答：门宽 2.8 尺，门高 9.6 尺。

例题六："今有邑方，不知大小，各中开门，出北门三十步有木，出西门七百五十步见木，问邑方几何？人距木几何？"一座正方形城池，边长未知，东西南北各墙中段均有城门。出北城门，北行 30 步，会走到一棵树跟前；如果从西城门出去，西行 750 步，刚好可以看见那棵树。请问这座城的边长是多少呢？人出西门西行 750 步后，与那棵树距离是多少呢？

画出城墙、城门及树的示意图（图 5-8），并在城池中心位置虚拟一个 $O$ 点。

因为是正方形城池，所以 $GE$ 与 $FO$ 平行。又因为各城门均开在城墙中段，所以 $GE$、$EO$、$GF$、$FO$ 这四条线段长度相等。设 $GE$ 为 $x$ 步，即城池边长的一

半为 $x$。图中小三角形 $AGE$ 与大三角形 $ABO$ 为相似三角形，又知 $BF$ 为 750 步、$AE$ 为 30 步，根据相似三角形原理，列出等式及方程：

$$\frac{AE}{GE} = \frac{AO}{BO} = \frac{AE + EO}{BF + FO}$$

即

$$\frac{30}{x} = \frac{30 + x}{750 + x}$$

解方程，得 $x=150$，$2x=300$。

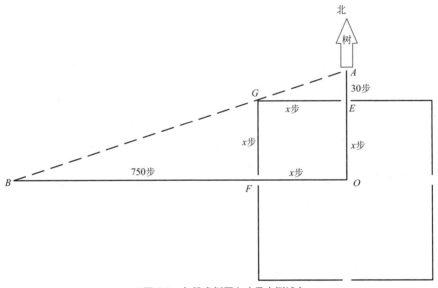

▲图 5-8 勾股术例题六（见木测城）

有了 $x$ 的长度，$BO$ 与 $AO$ 均可求得，其中 $BO$=750+$x$=900，$AO$=30+$x$=180。因为 $AO$、$BO$、$AB$ 构成直角三角形，所以要求人与树的距离 $AB$，用勾股定理即可：

$$AB^2 = AO^2 + BO^2 = 180^2 + 900^2 = 842400$$

开平方，$AB$ 约等于 918。

答：这座城池的边长是 300 步，人与树的距离约为 918 步。

以上六道例题，都出自《九章算术》之"勾股术"，都有一定的实用性，都与生活或生产息息相关，解题工具都离不开勾股定理。牵芦苇测水深，牵绳尾测绳长，扯杆头测杆长，望树木测城池，都是用已知推求未知，用易测替代难测。在数学外行看来，这些莫名其妙的技能既实用又神秘，仿佛高深莫测的绝世武功。实际上，它们只是测量学的入门功夫，只是最粗浅的三角测量套路。

## 萧峰被追，全等三角形

测量学是一门大学问，这门学问与数学密切相关，尤其离不开数学的一大分支：三角学。

何谓三角学？它是专门研究平面三角形和球面三角形边角关系的学问。中小学阶段，基本不涉及球面三角形，主要传授平面三角学知识。比如说，小学数学教孩子们认识三角形和了解三角形，了解什么是锐角，什么是直角，什么是钝角，三角形的三条边有什么关系，什么样的三条线段能组成三角形，三个内角和等于多少度，怎么计算三角形的面积；到了中学，难度稍稍提高，开始讲平分线、中位线、外心、内心、正弦、正切、余弦、余切、勾股定理、正弦定理、余弦定理、射影定理，以及全等三角形和相似三角形……

中小学阶段涉及的三角学知识，属于平面三角学里最简单、最直观，同时也最经典、最古老的知识。这些知识可以追溯到两千多年前古希腊数学家欧几里得的《几何原本》，也可以追溯到两千多年前中国最古老的数学及天文学著作《周髀算经》。不仅如此，这些知识还一直被古人用在测量上。前文从《九章算术》里摘录的那些勾股术例题，不就是中国古人将勾股定理用于测量的简单例证吗？

江湖故老相传，早在《几何原本》问世之前，大约相当于中国的春秋时期，古希腊哲学家泰勒斯（Thales，约公元前 624 年—前 547 年或前 546 年）用三角学测量过海船与海岸的距离。说是一艘海船乘风破浪远远驶来，桅杆刚刚冒出海平面，泰勒斯站在沙滩上，没有下水，用三条长绳横量竖量，竟然测出了那艘船距离海岸还有多远。

泰勒斯是怎么做到的呢？他用了全等三角形的"角边角定理"：如果两个三角形有两组角相等，并且这两组角的夹边也相等，那么这两个三角形就是全等三角形，全等三角形的每组边都相等。

画图说明。图 5-9 中 C 点是海船所在位置，B 点是泰勒斯所在位置。泰勒斯一看见海船出现，就在站立处 B 点打一根木桩，系上第一条绳索，牵绳右行到 D 处（D 距 B 远近可自定），使 BD 垂直于 BC。然后在 D 处打上另一根木桩，系上第二条绳索，牵绳再走，使行走路径垂直于 BD。最后，泰勒斯在 BD 上找到中点 A，在 A 处再打木桩，系上第三条绳索，使绳索牵引方向与 AC 处于同一直线上。第三条绳索与第二条绳索沿着原有的方向各自延伸，终将相交，图上相交于 E 点。

现在图 5-9 中有两个三角形，一个是 △ABC，一个是 △ADE。因为 A 是线段 BD 的中点，所以 AB 等于 AD；因为 ∠B 和 ∠D 都是直角，所以 ∠B 等于 ∠D；又因为 AC、AE 均与 BD 相交，且 AC 和 AE 处于同一直线上，所以 △ABC 的 ∠BAC 与 △ADE 的 ∠DAE 也相等。这两个三角形，它们的两组角及夹边均相等，说明 △ABC 和 △ADE 是全等三角形，说明 BC 和 DE 这一组边也相等。

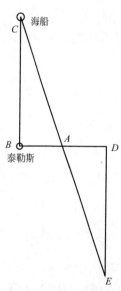

▲图 5-9 泰勒斯用全等三角形测出海船距离

泰勒斯要测的是海船与海岸的距离 *BC*，他只要在岸上测出 *DE* 的长度，就相当于测出了海船与海岸的距离。

套用同样的思路，我们也可以帮助武侠人物测量敌军的远近。

《天龙八部》第五十回，萧峰、段誉、虚竹以及丐帮众弟子、少林众高僧一同南归，辽国皇帝耶律洪基统领数万精兵紧追不舍。原文描写追兵声势之浩大，甚是惊人：

群豪打了一个胜仗，欢呼呐喊，人心大振，范骅却悄悄对玄渡、虚竹、段誉等人说道："咱们所歼的只是辽军一小队，这一仗既接上了，第二批辽军跟着便来。咱们快向西退！"

话声未了，只听得东边轰隆隆、轰隆隆之声大作。群豪一齐转头向东望去，但见尘土飞起，如乌云般遮住了半边天，霎时之间，群豪面面相觑，默不作声，但听得轰隆隆、轰隆隆闷雷般的声音远远响着，显是大队辽军奔驰而来，从这声音中听来，不知有多少万人马。江湖上的凶杀斗殴，群豪见得多了，但如此大军驰驱，却是闻所未闻，比之南京城外的接战，这一次辽军的规模又不知强大了多少倍。各人虽然都是胆气豪壮之辈，陡然间遇到这般天地为之变色的军威，却也忍不住心惊肉跳，满手冷汗。

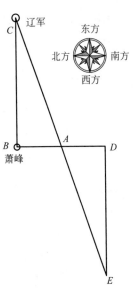

▲图 5-10　萧峰用全等三角形测出追兵距离

几万辽军从东追来，萧峰等人向东望去，瞧得见烟尘冲天，听得到马蹄隐隐，唯独不知道辽军到底有多远。派探马？来不及。让辽军暂时休整，这边带着长绳赶过去，量一量双方的距离？更是白日做梦。此时祭出全等三角形，或许能派上用场。

继续画图。如图 5-10 所示，萧峰、段誉、虚竹等人在 *B* 处东望，望见 *C* 处半空中灰土飘扬，那是辽军兵马激起的飞烟。萧峰派出一名轻功了得的高手，例如段誉，施展凌波微步赶向 $D$ 处，使 $BD$ 垂直于 $BC$。段誉在 $D$ 处找一棵大树作为标记，转向西行，使行走路径垂直于 $BD$。当段誉西行时，萧峰可以再派出另一名轻功高手虚竹，先飞奔到 $BD$ 中点 $A$ 处，再沿着与辽军烟尘相反的方向，甩开大步向西南进发。段誉西行，虚竹西南行，二人轻功或许有高低，速度或许有快慢，但他们的行走路径必定会有交点。找到这个交点 $E$，量出从 $D$ 点到 $E$ 点的距离 $DE$，等于测出了萧峰等人与辽军的距离 $BC$。

至于原理，还是全等三角形的角边角定理。图 5-10 中 △ $CBA$ 和 △ $ADE$，∠ $CBA$ 和 ∠ $ADE$ 相等（都是直角），$BA$ 与 $AD$ 相等（$A$ 是 $BD$ 的中点），∠ $BAC$ 与 ∠ $DAE$ 相等，两组角及夹边均相等，那么这两个三角形的第三边自然也相等。

用全等三角形做测量，有三点美中不足之处：

第一，或打木桩，或牵绳索，或让高手跑来跑去，工程量大，耗时耗力；

第二，对测量场地要求严格，场地必须尽可能平整，必须有一大片开阔地带，如果是在起起伏伏的地方测量，那就不是"平面"三角形了，相应的定理就不再适用了；

第三，由于测量比较耗时间，所以只适合测量那些静止的目标，或者虽然运动，但运动速度并不快的目标。

萧峰测量辽军距离时，辽军正在急行军，图中 $C$ 点其实是一个动点。为了减少测量误差，萧峰只能派轻功最好的段誉和虚竹进行测量。段公子和虚竹小和尚急奔起来，快逾奔马，比辽军速度快得多，测出来的距离与实际距离应该相差不大。

## 虚竹飞渡，相似三角形

用全等三角形测量有种种缺陷，必要的时候得用相似三角形测量。

我们拿萧峰的结拜兄弟虚竹小和尚举个例子。《天龙八部》第三十八回，缥缈宫女弟子被困，虚竹前去营救，必经之路是一道又宽又深的峡谷，峡谷上原有铁索桥，却被砍断了，虚竹必须冒险飞渡。

原文写道：

虚竹眼望深谷，也是束手无策，眼见到众女焦急的模样，心想："她们都叫我主人，遇上了难题，我这主人却是一筹莫展，那成什么话？经中言道：'或有来求手足耳鼻、头目肉血、骨髓身份，菩萨摩诃萨见来求者，悉能一切欢喜施与。'菩萨六度，第一便是布施，我又怕什么了？"于是脱下符敏仪所缝的那件袍子，说道："石嫂，请借兵刃一用。"石嫂道："是！"

倒转柳叶刀，躬身将刀柄递过。虚竹接刀在手，北冥真气运到了刃锋之上，手腕微抖之间，刷的一声轻响，已将扣在峭壁石洞中的半截铁链斩了下来。柳叶刀又薄又细，只不过锋利而已，也非什么宝刀，但经他真气贯注，切铁链如斩竹木。这段铁链留在此岸的约有二丈二三尺，虚竹抓住铁链，将刀还了石嫂，提气一跃，便向对岸纵了过去。

群女齐声惊呼。余婆婆、石嫂、符敏仪等都叫："主人，不可冒险！"

一片呼叫声中，虚竹已身凌峡谷，他体内真气滚转，轻飘飘地向前飞行，突然间真气一浊，身子下跌，当即挥出铁链，卷住了对岸垂下的断链。便这么一借力，身子沉而复起，落到了对岸。他转过身来，说道："大家且歇一歇，我去探探。"

文中交代，虚竹将峭壁山洞中的半截铁链砍下来，提气跃向峡谷对岸。对岸还留着半截铁链，沿着石壁直垂下来。虚竹斩下的这截铁链"约有二丈二三尺"，两丈多长，对岸那截铁链的长度想必差不多，也是两丈多长。两截铁链加起来，将近5丈，则峡谷宽度也将近5丈。虚竹内力惊人，轻功卓绝，能一下子跳过5丈远吗？不能。他尚未抵达对岸，就"真气一浊，身子下跌"，在此万分危急之时，"当即挥出铁链，卷住了对岸垂下的断链"，借力飞起，终于落到对岸，好险。

虚竹飞渡峡谷去救人，勇气可嘉，但风险极大。他飞渡之前，应该做一个测试，再做一个测量。测试什么？测他全力飞跃所能抵达的极限距离。测量什么？测那道峡谷的宽度。如果飞跃距离大于峡谷宽度，那就飞跃；如果飞跃距离小于峡谷宽度，那必须另筹妙策，或者绕道，或者架桥，或者借助合适的工具，例如撑杆、风筝、滑翔伞。

刚才说了，有两截铁链，一截在此岸，一截在彼岸。此岸铁链长度已知，是两丈多，将这个长度乘以2，能得到峡谷宽度的估计值，但这个估计值主要靠目测，一定极不准确。倘若虚竹有两根木表（古代中国的测量杆，有的可调节长度，如图5-11所示）和一把尺子，那他可以进行比较准确的测量。

现在我们让虚竹站在峡谷旁边，找一小块平地，在谷口立一根较短的木表。再后退几步，立一根较长的木表，当他从长表顶端望向对面谷口的时候，矮表的顶端必须刚好落在他的视线以内。以图 5-12 为例，*AB* 为峡谷宽度，*BD* 为短表，*CF* 为长表，虚竹从 *CF* 的顶点 *F* 观测对岸 *A* 点，必须保证 *BD* 的顶点 *D* 落在视线 *AF* 上。如果 *D* 点高于 *AF*，则将长表前移；如果 *D* 点低于 *AF*，则将长表后移。

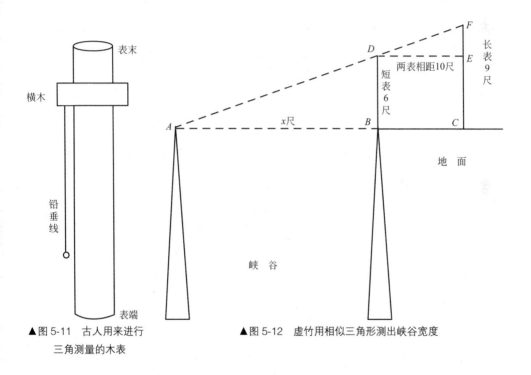

▲图 5-11　古人用来进行
　　三角测量的木表

▲图 5-12　虚竹用相似三角形测出峡谷宽度

木表上均有刻度，设短表 *BD* 高 6 尺，长表 *CF* 高 9 尺，当 *D* 点恰好落在视线 *AF* 上时，长短二表的间距 *BC* 为 10 尺。此时图 5-12 中三角形 △*DFE* 与 △*AFC* 的每个对应角都相等，它们既是一对直角三角形，也是一对相似三角形。根据相似三角形"对应边成比例"的性质，小三角形 △*DFE* 的两个直边之比，等于大三角形 △*AFC* 的两个直边之比，即

$$\frac{FE}{DE} = \frac{FC}{AC}$$

设峡谷宽度 *AB* 为 *x* 尺，则可列出比例方程：

$$\frac{9-6}{10}=\frac{9}{x+10}$$

解此方程，得 *x*=20。

答：峡谷宽 20 尺，即两丈。

金庸先生原文写峡谷半截铁链即有两丈多长，而我们算出的峡谷宽度仅有两丈，这是为什么呢？并不是金庸先生写错了，只因为我们计算所用的那些数据，包括木表的长度啊，两表的间距啊，全是随随便便做的假设。假如长表与短表的高度不变，仅仅让长表与短表的间距变成 30 尺，两个相似三角形的比例方程会变成：

$$\frac{9-6}{30}=\frac{9}{x+30}$$

解此方程，得 *x*=60，峡谷宽度马上变成 60 尺，即 6 丈那么宽。虚竹飞渡这么宽的峡谷，非出事不可。

## 欲寻小龙女，须用重差术

虚竹测量峡谷宽度，用了一长一短两根木表，目的是构造一对相似三角形，再依据相似三角形的性质，以小推大，以近推远，以已知推未知，以能够测量的对象来推算不能测量或者不好测量的对象。

这种测量方法，或者说这种推算方法，叫作"重差术"。重是"重新"，差是"差别"，为了将不能测量或不好测量的对象推算出来，在测量一次以后，还要重新进行一次差别化的测量。用魏晋数学家刘徽的话说："凡望极高、测绝深，而兼知其远者，必用重差。"山峰极高，峡谷极深，星辰极远，要想用简便方法测出山峰的高度、峡谷的深度、星辰的距离，必须使出重差术。

刘徽还写了一本薄薄的小册子《海岛算经》，专讲重差术，总共设计九道例题。且看第一道：

　　今有望海岛。立两表，齐高三丈，前后相去千步。令后表与前表相直，从前表却行一百二十三步，人目着地，取望岛峰，与表末参合。从后表却行一百二十七步，人目着地，取望岛峰，亦与表末参合。问岛高及去表各几何？

　　人在岸上，测量海中一座岛屿。树立两根木表，一前一后，各高 3 丈，相距 1000 步。海岛与前表与后表底端均处于同一直线上（如图 5-13 所示）。从前表出发，朝后表方向行走 123 步，趴在地上，向海岛最高峰望去，前表顶端不高不低，刚好位于视线上。再从后表出发，向后行走 127 步，再趴在地上注视海岛最高峰，后表顶端也刚好落在视线上。请问海岛最高峰的海拔是多少？海岛离前表有多远？

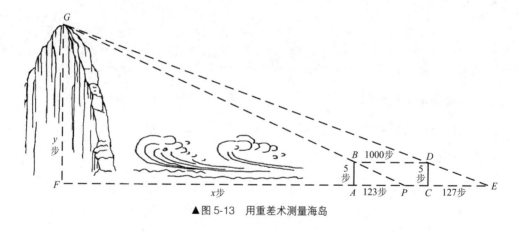

▲图 5-13　用重差术测量海岛

　　解这道题之前，先要换算单位。两表高为 3 丈，1 丈为 10 尺，3 丈即 30 尺，魏晋时期 1 步为 6 尺（隋唐时期改为 5 尺），所以 3 丈即 5 步。

　　画图说明。如图 5-13 所示，测量员在岸上立下前表 AB 与后表 CD，两表各高 5 步，相距 BD 为 1000 步。从 A 点后退 123 步到 P 点，仰望海岛最高峰 G 点，此时 G 点、P 点及前表顶端 B 点在一条直线上；从 C 点后退 127 步到 E

点，再仰望海岛最高峰 $G$ 点，$G$ 点、$E$ 点及后表顶端 $D$ 点也在一条直线上。将海岛中心与海平面相交处定为 $F$ 点，将 $G$ 点、$F$ 点、$P$ 点相连，构成直角三角形 $\triangle GFP$；将 $G$ 点、$F$ 点、$E$ 点相连，构成直角三角形 $\triangle GFE$；再将 $A$、$B$、$P$ 三点及 $C$、$D$、$E$ 三点相连，又分别构成两个小直角三角形 $\triangle ABP$ 及 $\triangle CDE$。简单分析即可知，$\triangle GFP$ 与 $\triangle BAP$ 是一对相似三角形，$\triangle GFE$ 和 $\triangle DCE$ 也是一对相似三角形。

设海岛距离前表的投影距离 $FA$ 为 $x$ 步，设海岛峰高 $GF$ 为 $y$ 步，根据相似三角形性质，可以列出一组方程：

$$\begin{cases} \dfrac{y}{x+123} = \dfrac{5}{123} \\ \dfrac{y}{x+1000+127} = \dfrac{5}{127} \end{cases}$$

解方程组，求得 $x=30750$，$y=1255$。也就是说，海岛距离前表有 30750 步，岛峰海拔 1255 步。

魏晋时期，1 步为 6 尺，10 尺为 1 丈，1255 步即 753 丈，30750 步即 18450 丈。

答：岛高 753 丈，海岛距前表 18450 丈。

再看《海岛算经》第四道例题：

今有望深谷，偃矩岸上，令勾高六尺。从勾端望谷底，入下股九尺一寸。又设重矩于上，其矩间相去三丈，更从勾端望谷底，入上股八尺五寸。问谷深几何？

这道题换了测量工具，不再用木表，改用矩尺。矩尺简称"矩"，是一种带刻度的直角拐尺，既能量长度，又能作垂线、画矩形，还能运用勾股定理和相似三角形性质进行推算。图 5-14 是中国神话中的创世神伏羲与女娲，伏羲持矩，女娲持规，规与矩既是古代常用测量工具，也是社会秩序的象征。图 5-15 是清代乾隆年间的一把矩尺，铜铸鎏金，有寸、分等刻度。

▲图 5-14　创世神伏羲与女娲

▲图 5-15　清代乾隆年间的一把矩尺

　　原题意思是说，为了测出某山谷的深度，测量员在高处竖起一只矩尺。矩尺有两个直角边，竖起的直边称为"勾"，平放在地上的直边叫作"股"。这只矩尺的勾有 6 尺高，测量员让视线紧贴勾顶，下视谷底，视线与股相交，相交处的刻度是 9.1 尺。然后测量员又在这只矩尺的正上方放了另一只矩尺，两矩相隔 30尺。再让视线紧贴上矩的勾顶，继续观测谷底，视线与上矩之股相交，相交处的刻度是 8.5 尺。根据这些信息，你能推算出山谷有多深吗?

继续画图（如图 5-16 所示，图上比例与数字并不搭配，仅供参考）。测量员在山谷高处竖起矩尺 *AC*，从勾端 *C* 点观测谷底 *H* 点，视线交于下股 *B* 点，*AC* 高 6 尺，*AB* 长 9.1 尺；矩尺 *DF* 在 *AC* 之上，两尺相隔 30 尺，所以 *CD* 为 30 尺；从上矩勾端 *F* 点观测谷底 *H* 点，视线交于下股 *E* 点，*FD* 高 6 尺，*DE* 长 8.5 尺。

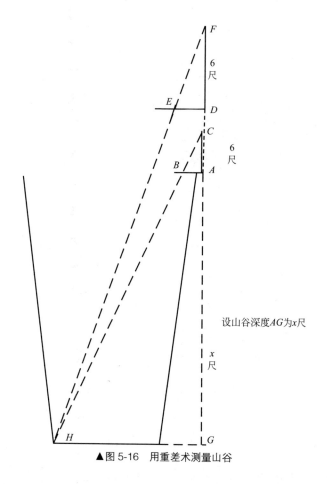

▲图 5-16 用重差术测量山谷

图 5-16 中△ *ABC* 与△ *GHC* 是一对相似三角形，△ *DEF* 与△ *GHF* 是另一对相似三角形。设山谷深度 *AG* 为 *x* 尺，设三角形底边 *HG* 为 *y* 尺，根据相似三角形性质，列出一组方程：

$$\begin{cases} \dfrac{6}{9.1}=\dfrac{6+x}{y} \\[2mm] \dfrac{6}{8.5}=\dfrac{6+30+6+x}{y} \end{cases}$$

将 $y$ 约去，得方程 $(36+x)\times8.5=(6+x)\times9.1$，求得 $x=504$。

答：山谷深度是 504 尺。

我相信，读者看完这两道例题，一定掌握了重差术的基本要领。现在我们使用这个新学的技能，帮助杨过寻找一下小龙女的下落。

《神雕侠侣》（1959 年版）第九十回，杨过一觉醒来，不见了小龙女，与一灯、黄蓉、程英、朱子柳等人一起，在绝情谷四处搜寻，毫无小龙女的踪迹。黄蓉绝顶聪明，念头一转，猜想小龙女可能自杀，"抬头向公孙止和裘千尺失足堕入山洞的那山峰望了一眼，不禁打了个寒战"。

程英自告奋勇道："咱们搓树皮打条长索，让我到那山洞中去探一探，杨大嫂万一……万一不幸失足……"当下众人举刀挥剑，剥下树皮，搓了一条百余丈的长绳。然后几个力大之人拉住长绳，将程英慢慢地缒下洞去。这山洞应该是一座死火山的火山口，山洞入口在峰顶，深度与山峰高度几乎相等，众人将那条百余丈的树皮绳放到只剩几丈，才将程英放到洞底。幸或不幸，洞底没有小龙女，既没有小龙女的身影，也没有小龙女的尸首。程英长出一口气，晃动长绳，又让大伙将她吊出洞去，搜救行动无果而终。

回头再看这次搜救，其实有些鲁莽。黄蓉猜到小龙女自杀，跃入那个极深的山洞，猜得很准。但她如此聪明，不该直接让程英下去救人，因为那山洞到底有多深，她并不知道，所有人都不知道。如果山洞不太深，众人没必要费时耗力，搓一条百余丈的长绳；如果山洞比预想的还要深，则百余丈长绳根本不够，程英会悬在半空，无法到达洞底。比较理性的做法是让大家先测量一下山洞的深度，然后再搓一条与深度相当的绳索，既免得做无用功，也免得让程英陷入"半天吊"的尴尬境地。

　　怎么测量那口山洞的深度呢？至少有两种方法。

　　第一种方法，不测洞深，而测山高。文中不是交代过吗："这个山洞的出口，是在山峰之巅，因此此洞之深便和山峰的高度相等。"测出了山高，就等于测出了洞深。黄蓉可以指挥众人，在山峰远处竖起一根木表，再从这根木表处退行若干丈，趴在地上，透过木表顶端，远眺峰顶，使表端、峰顶以及地上的观测者的眼睛位于同一直线上；然后继续退行，再竖起另一根木表，再退行，再观测，再让表端、峰顶和观测者的眼睛连线；最后根据两根木表的高度、间距和两次退行的距离，推算出山峰之高，也就是山洞之深。

　　这种测量方法，正是前文所举《海岛算经》第一道例题的方法。

　　第二种方法，直接测洞深。这又要用到《海岛算经》第四道例题"偃矩岸上，下测深谷"的方法：先在洞口竖起一只矩尺，从勾端下视洞底，视线与下股相交，记下相交处的刻度；再用石头堆叠起一个高台，在高台上竖起第二只矩尺，再从勾端下视洞底，视线又与下股相交，再记下相交处的刻度。有了这两个刻度，再量出两只矩尺的高度差，根据相似三角形性质，列出方程组，即可推算山洞深度。

　　不过，两种方法比较起来，前一种方法更加可行，无须内力和眼力，只要掌握了相似三角形的性质，只要理解了重差术的原理，只要学会了最基本的测量方法，即便是我等凡夫俗子，也能将山洞深度推算得八九不离十。这比黄蓉等人仅凭目测，就去剥树皮搓长绳，就心急火燎地把程英吊下去，要科学得多。

## 黑风双煞与杨辉三角

　　黄蓉、杨过、小龙女，都是宋朝人。在宋朝，三角学发展到了空前成熟的地步，查南宋秦九韶《数书九章》，里面有许多关于三角学的例题，包括用勾股定理推算堤坝高度，用三斜求积推算地块面积，用全等三角形推算江河宽度，也包括用相似三角形推算城池周长、城墙厚度、军营距离等问题。

　　黄蓉的师姐梅超风也是宋朝人，她甚至用三角学来练功。

　　让我们回顾一下《射雕英雄传》第四回，江南七怪来到蒙古大漠，无意中闯进了一个怪异的地方，在那里发现了几堆骷髅头，不但摆得整整齐齐，而且每颗头骨上都有五个刚好可以各自容纳一根手指的窟窿。

　　众人不明所以，以为是儿童胡闹，又以为是妖怪摆的阵法。飞天蝙蝠柯镇恶双眼看不见，但他见多识广，当即问道："这些头骨是怎么摆的？"

　　全金发说："一共三堆，排成品字形，每堆九个骷髅头。"

柯镇恶惊问："是不是分为三层？下层五个，中层三个，上层一个？"

全金发奇道："是啊，大哥你怎么知道？"

柯镇恶如临大敌，急忙吩咐众人，从这三堆骷髅头出发，分别向东北方向和西北方向各走百步，看看那里是不是也有骷髅头。果不其然，东北方向的韩小莹和西北方向的全金发同时大叫起来："这里也有骷髅堆！"

也就是说，在茫茫大漠之中，江南七怪总共发现了 3 组骷髅头，每组 3 堆，分别摆在正南方、东北方和西北方。并且，每堆头骨都摆成金字塔状的三角锥，下层最多，越往上越少。

柯镇恶迅速得出结论：这是黑风双煞的练功场！

黑风双煞是两个人，一男一女，两口子。男的是绰号"铁尸"的陈玄风，女的是绰号"铜尸"的梅超风，夫妻二人都出自桃花岛黄药师门下，都是黄药师的弃徒，也都从黄药师那里学会了一身惊天动地的武功。

黄药师博学多识，多才多艺，不但武功卓绝，诗词歌赋、琴棋书画、医卜星象也是无所不通，在数学上也有不凡造诣。梅超风夫妇在桃花岛学艺时，除了研究武学，有没有学到数学的一点皮毛呢？从他们两口子摆放骷髅头的架势来看，应该是学到了。

你看，三组头骨，分别位于正南、东北、西北。如图 5-17 所示，从南边那组头骨 $A$ 出发，到东北那组头骨 $B$ 是 100 步，到西北那组头骨 $C$ 也是 100 步。这说明什么？说明将三组头骨连线的话，会得到一个规则的等腰三角形，两腰 $AB$ 与 $AC$ 还夹成一个直角（西北方向与东北方向相间 90 度）。换言之，三组头骨分别位于等腰直角三角形的三个顶点上。

因为 $\triangle BAC$ 是直角三角形，所以能用勾股定理算出从东北那组头骨 $B$ 到西北那组头骨 $C$ 的距离：

$$BC = \sqrt{AB^2 + AC^2} = \sqrt{100^2 + 100^2} = \sqrt{20000} \approx 141 (步)$$

黑风双煞偷学《九阴真经》下半部，为了修炼"九阴白骨爪"，残害人命，滥杀无辜，惹得天怒人怨。他们摆放的那些头骨，既是练功的道具，也是遇害者的遗骸，将新旧头骨按照几何规则顺序摆放，大概还有对比检验武功进境的作用。但是，为何要将这些头骨摆成严格的等腰直角三角形呢？为何要把每一堆头骨都摆成三角锥呢？

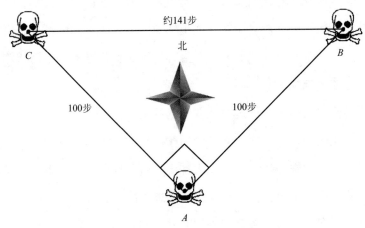

▲图5-17 黑风双煞将三组头骨摆成等腰直角三角形

推想起来，可能有两个原因：第一，黑风双煞练的是邪门武功，邪门武功离不开邪门仪式，将头骨摆出某种几何造型，应该是一种仪式；第二，黑风双煞自幼跟随黄药师，可能接触过数学，后来被逐出师门，但早期习惯没丢，下意识地将头骨摆成当年学过的三角形，堆成当年学过的三角锥。

宋朝数学里没有"三角锥"这个概念，如果让一个宋朝数学家去观察那些金字塔造型的骷髅头，他想到的很可能是"贾宪三角"或者"杨辉三角"。

贾宪是北宋数学家，杨辉是南宋数学家，二人都将二项式乘方展开式的系数排列成金字塔形状，后人命名为贾宪三角或杨辉三角。画出图来，是图5-18中的样子。

图5-18中数字满足几个明显的规律：第一，从第二行开始，每个数都等于上面那行相邻两数的和；第二，每行数字都是左右对称，都是从1开始逐渐变大，再逐渐变小直到为1；第三，第一行有一个数字，第二行有两个数字，第三行有

三个数字，第 $N$ 行有 $N$ 个数字……

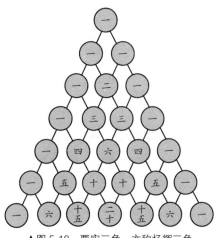

▲图 5-18　贾宪三角，亦称杨辉三角

　　贾宪和杨辉当年费劲地制作这张图，仅仅是为了玩数字排列游戏吗？当然不是。该图有很强的实用性，可以帮助古人将（$a+b$）的 $n$ 次方快而准确地展开成多项式。

　　比如说，（$a+b$）$^1$，它等于 $a+b$，展开还是两项，系数都是 1，相当于杨辉三角的第二行数字 1、1；（$a+b$）$^2$，它等于 $a^2+2ab+b^2$，展开变成三项，系数分别是 1、2、1，而杨辉三角第三行数字也是 1、2、1；（$a+b$）$^3$，等于 $a^3+3a^2b+3b^2a+b^3$，展开变成四项，系数分别是 1、3、3、1，这正是杨辉三角第四行数字……

　　现在我们要把（$a+b$）的 6 次方展开，可以查杨辉三角，看第七行数字：1、6、15、20、15、6、1。总共七个数字，说明展开后的多项式共有七项，系数分别是 1、6、15、20、15、6、1，写出来是：

$$(a+b)^6=a^6+6a^5b+15a^4b^2+20a^3b^3+15a^2b^4+6ab^5+b^6$$

　　梅超风内外兼修，内功和外功都很了不起。江南七怪伏击她，偷袭加群殴，朱聪用铁扇打穴，韩小莹用长剑劈砍，全金发用秤锤连续击中她两下，都不能让她挂彩。用金庸先生原话讲："这铜尸绰号中有一个铜字，殊非偶然，周身真如铜铸铁打一般。"不过，梅超风也有一处罩门——《射雕英雄传》第十回有交代，是在她舌头底下，只消在那儿点上一指，或者扎上一刀，世上就再也没有梅超风了。

从数学角度讲，梅超风还有另一处罩门：摆放骷髅头的方式太过僵化，永远不变。在江南七怪初次遇见她的荒山上，在郭靖跟马钰学习内功的悬崖上，以及后来在金国王爷完颜洪烈府上的地窖里，她都是将三组骷髅头摆成一个等腰直角三角形。设若敌人找到两组骷髅，就能推算出第三组骷髅的位置，就能在那里伏击她。

那为什么不在前两组骷髅处伏击她呢？没别的，梅超风感官太发达，生性太机警，一上来就伏击，会被她发现。

## 假如梅超风懂得三角函数

当初江南七怪伏击梅超风，是柯镇恶制订的计划：他本人先藏进一座地窖，那地窖里放着尸体，尸体上盖着石板。梅超风夫妇练功，一定会从地窖里取尸体，取尸体前一定会掀开石板。此时柯镇恶出其不意，发射剧毒暗器，将前来取尸的"铜尸"或"铁尸"打成重伤，朱聪、全金发、韩宝驹等人再一拥而上，结束战斗。

此计本来可行，却因韩宝驹大意失荆州，让梅超风提前有了准备。《射雕英雄传》原文写道：

梅超风忽听得背后树叶微微一响，似乎不是风声，猛然回头，月光下一个人头的影子正在树梢上显了出来。她一声长啸，陡然往树上扑去。

躲在树巅的正是韩宝驹，他仗着身矮，藏在树叶之中不露形迹，这时作势下跃，微一长身，竟然立被敌人发觉。他见这婆娘扑上之势猛不可当，金龙鞭一招"乌龙取水"，居高临下，往她手腕上击去。梅超风竟自不避，顺手一带，已抓住了鞭梢。韩宝驹膂力甚大，用劲回夺。梅超风身随鞭上，左掌已如风行电掣般拍到。掌未到，风先至，迅猛已极。韩宝驹眼见抵挡不了，松手撒鞭，一个筋斗从树上翻将下来。梅超风不容他缓势脱身，跟着扑落，五指向他后心疾抓。

梅超风何以发现树上有人？因为藏在树叶里的韩宝驹沉不住气，露了露头，发出微微一响，再加上当时月光皎洁，将韩宝驹影子显了出来。一有声，二有影，以梅超风之能，焉能发现不了？

敌人来袭，间不容发，梅超风一见敌踪，立即朝树上扑去，正所谓"以攻为守""先下手为强"。假如韩宝驹不是敌人，并不想偷袭梅超风，又假如梅超风宅心仁厚，不愿意伤害韩宝驹，那么此时月光皎洁，倒是梅超风运用三角学知识推算大树高度的好时机。

怎么推算树的高度？非常简单。那天晚上不是有月亮吗？月亮不是投射出韩宝驹的影子吗？既然这样，梅超风先量出地上韩宝驹影子到大树的距离，再量出自己影子的长度，即可算得树的高度。

设梅超风身高5尺，月光下她的影子长7尺，7除以5，等于1.4，说明梅超风抬头看月时视线仰角的正切值是1.4。再设树高 $x$ 尺，韩宝驹影子到树的投影距离是20尺，投影距离除以 $x$，等于韩宝驹抬头看月时视线仰角的正切值。鉴于月亮离地面极远，在同一地域和同一时间，无论是趴在地上还是坐在树上，人们看月亮的视线仰角都相差极小，几乎可以认为完全相同。因为仰角相同，所以仰角的正切值也相同，所以韩宝驹影子到大树的距离除以树高，也应该等于1.4，所以列方程如下：

$$\frac{20}{x} = 1.4$$

解此方程，得 $x \approx 14$。

不过，这样推算出的高度，仅仅是从地面到韩宝驹藏身处那几根树杈的高度，并不是从地面到树梢的高度。如果梅超风要推算树梢有多高，她应该测量树梢的影子。假定那天的月光足够皎洁，将树梢的影子清清楚楚地投射在地面上，梅超风量出从树梢影子到大树的距离是 30 尺，那么方程将变成：

$$\frac{30}{x} = 1.4$$

解此方程，得 $x \approx 21$，意思是韩宝驹藏身的那棵大树全高 21 尺。

刚才说到正切值，小学生可能听不懂，中学生肯定听得懂。正切、余切、正弦、余弦、正割、余割，这些都是中学数学课上的三角函数概念。用三角函数做测量，要比用全等三角形和相似三角形更精确，对测量环境的要求更低。

还拿测量大树举例子，梅超风要是学过三角函数的入门知识，不用韩宝驹帮忙，也不需要观察人影和树影，她只要有一根尺子和一个能测角度的工具，在任何时候都能推算大树的高度。

梅超风在大树不远处一块平地上安装测角仪，然后用测角仪仰测树梢。如图 5-19 所示，设测角仪高度 $AB$ 是 5 尺，到树梢最高点 $E$ 的仰角是 30 度，从测角仪到大树的水平距离 $BC$ 是 10 尺。从 $A$ 点向大树做垂线，与树干相交于 $D$ 点。将 $A$、$D$、$E$ 三点相连，得到一个直角三角形，根据三角函数知识，对边 $ED$ 除以邻边 $AD$，得到仰角 30 度的正切值，即

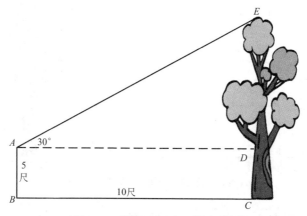

▲图 5-19 梅超风用三角函数测量树高

$$\frac{ED}{AD} = \tan 30°$$

$AD$ 长度已知，是 10 尺。30 度角的正切值可以查表，约为 0.577。列出方程：

$$\frac{ED}{10} = 0.577$$

解得 $ED$=5.77，大约 6 尺。再加上测角仪本身的高度 5 尺，得到大树的全高，大约 11 尺。

万一大树四周密布机关，梅超风无法靠近，无法丈量从测角仪到大树的距离，那更是三角函数发挥威力的好机会。

我们让梅超风在远离机关的某个地方安放测角仪。测角仪高度 $AB$ 仍为 5 尺，到树梢最高点 $E$ 的仰角变成 25 度（观测高度不变，离树越远，仰角越小）；然后她再后退 3 尺，再次安放测角仪，并将测角仪高度 $FG$ 调整为 8 尺，到树梢最高点 $E$ 的仰角变成 15 度。

画示意图，如图 5-20 所示。从 $A$ 点向大树做垂线，与树干相交于 $D$ 点；再从 $F$ 点向大树做垂线，与树干相交于 $P$ 点。另外，将树干与地面相交处定为 $C$ 点，则 $EC$ 是大树的全高。

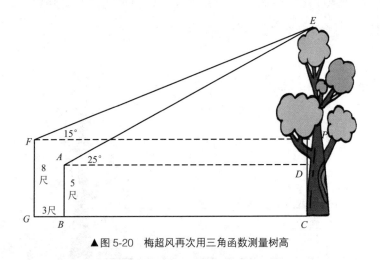

▲图 5-20　梅超风再次用三角函数测量树高

大树高度 $EC$ 等于 $CD$ 加 $PD$ 加 $EP$。其中 $CD$ 等于 $AB$，为 5 尺；$PD$ 等于

PC 减 CD，PC 又等于 FG，所以 PD 等于 FG 减 CD，等于 8 尺减 5 尺，为 3 尺。CD 已知，PD 已知，只需推算出 EP 的高度，则大树高度唾手可得。

图 5-20 中有两个直角三角形，一个是 △EPF，一个是 △EDA。根据三角函数知识可知：

$$\frac{EP}{FP} = \tan 15°$$

$$\frac{ED}{AD} = \tan 25°$$

上面等式中，FP 等于 AD 加 BG，BG 为 3 尺，所以 FP 等于 AD+3。ED 等于 EP 加 PD，PD 为 3 尺，所以 ED 等于 EP+3。所以上式可以改写成：

$$\frac{EP}{AD + 3} = \tan 15°$$

$$\frac{EP + 3}{AD} = \tan 25°$$

设 EP 为 x，AD 为 y，再查得 tan15° 约等于 0.268，tan25° 约等于 0.466，将上式转化为方程组：

$$\frac{x}{y + 3} = 0.268$$

$$\frac{x + 3}{y} = 0.466$$

解此方程组，得 x ≈ 6，即 EP 为 6 尺。EP 再加上 PC 就是树高，EP 高 6 尺，PC 高 8 尺，所以树高 14 尺。

## 西学东渐与乾坤大挪移

在真实世界，三角函数应用很广：工程测量、天文观测、卫星定位、考古发掘、轮船航行、情报拦截，以及用导弹或炮弹轰击军事目标，都离不开三角函数。但是，比较遗憾的是，古代中国数学界并没有独立发展出三角函数。在梅超风生活的宋朝，在张无忌生活的元朝，都没有数学家研究三角函数，更没有工程技术人员去运用三角函数。

明朝后期，意大利传教士利玛窦（Matteo Ricci，1552 年—1610 年）定居北京，与中国学者合著数学书籍《同文算指》，介绍当时欧洲的计算方法：怎么加减乘除，怎么乘方开方，怎么解方程和方程组，怎样手算正弦和余弦。《同文算指》的出版使得三角函数知识传入中国。

明朝末年，欧洲传教士邓玉函（Johann Schreck，1576 年—1630 年）和汤若望（Johann Adam Schall von Bell，1591 年—1666 年）来华，共同撰写成两本数学小册子：一本叫《大测》，讲三角测量，涉及正弦、余弦、正切、余切，以及正弦定理、余弦定理和正切定理；另一本叫《八线表》，既是三角函数的图解说明（图 5-21），又是三角函数的数值表。两书在北京印行，帮助中国的天文历法学家和工程测量人员拓宽了知识面，掌握了新的推算技能。

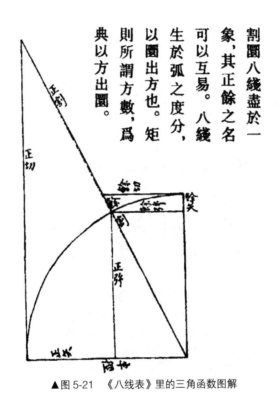

▲图 5-21　《八线表》里的三角函数图解

　　严格讲，利玛窦、汤若望和邓玉函都算不上数学家，他们只是受过数学教育的传教士，他们的数学知识在欧洲非但不新鲜，甚至还有些陈旧。但是，这些陈旧的数学知识传入中国，却推动了中国数学的发展。宋朝以降，中国数学本来陷入停滞状态，元朝和明朝的数学家往往用毕生精力去注解《九章算术》之类的古老文献，却没有兴趣和能力创造新的数学知识。明朝后期，西风刮来了传教士，传教士用欧洲数学帮中国君主推算历法、制造大炮，在某些方面确实比中国数学更好用，这等于在中国数学界的背上抽了一小鞭，止步不前的老马一下子惊醒了，开始奋起直追。

清朝乾隆、嘉庆年间，中国学者戴震在多年研习传教士编撰的数学小册子之后，用欧洲笔算法重新解决中国数学古籍上的习题，还用三角函数知识改进了中国工程测量界沿用了至少两千年的矩尺。图 5-22 为戴震根据意大利数学家纳皮尔筹算规则绘制的《策式》，可用于速算。

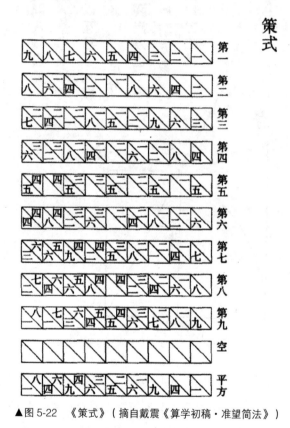

▲图 5-22　《策式》（摘自戴震《算学初稿·准望简法》）

传统矩尺只能测长短，不能测角度，只能根据相似三角形性质做推算，不能根据三角函数做推算。戴震改进后的矩尺（图 5-23）则是形如方盘，有铅垂线，勾股刻长度，盘面刻角度，既可用于相似三角形测量，也可用于三角函数测量。

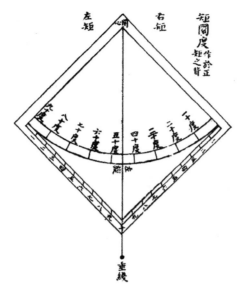

▲图 5-23　戴震改进后的矩尺，形如方盘，可称"矩盘"（摘自戴震《算学初稿·准望简法》）

虽然说都是三角测量，但是相似三角形的应用范围和计算精度都远远不如三角函数。戴震曾经撰写《算学初稿》一书，该书有一章"准望简法"，专门讲解怎样用矩盘——改进后的矩尺——测量城墙高度与河流宽度（图 5-24）。

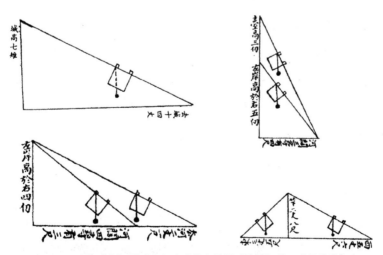

▲图 5-24　用矩盘测量城高与河宽（摘自戴震《算学初稿·准望简法》）

不过，戴震一方面承认欧洲数学的先进性，一方面又非常迂腐地认为所有这些数学知识都源自中国。他这样评价欧洲三角学："欧罗巴窃取勾股为三角法。"即欧洲三角学看似先进，实际上剽窃了古代中国的勾股定理。现在我们知道，最早记载勾股定理（实际上只记载了一个特例）的中国古籍《周髀算经》诞生于两千多年前，而古希腊数学家海伦在差不多同一时间，不但记载了勾股定理，还证明了勾股定理，甚至在中国数学家秦九韶推导三斜求积术之前一千多年，就推导出了用三边长度计算三角形面积的正确方法。

在欧洲数学的推动下，清朝数学发展迅猛，一大堆中西合璧的数学书籍先后问世，这些书籍的作者都是中国士大夫，他们的观念与戴震相同，都将"西学东渐"解释成"出口转内销"——什么代数学、几何学，都是中国人创造的，被洋人学会，又传回中国而已。

仅就东亚范围内而言，古代中国的数学成就确实堪称第一。在文字、建筑、烹饪、官制等领域，中国也是称雄东亚，一千多年里始终是几个邻国的老师。跳出东亚呢？马上就能发现，中国在很多方面都不是第一。这很正常，没有哪个国家能做到处处第一。作为现代国家的国民，我们要避免坐井观天，盲目自大，自以为处处第一。

武侠世界里最典型的例子，当推峨眉派掌门灭绝师太。这老尼姑非常自负，谁都不服（武学泰斗张三丰除外），不但认为自己的武功独步天下，还认为中原武学一定胜过外地武学。《倚天屠龙记》第二十二回，张无忌施展乾坤大挪移神功，以一人之力对阵昆仑派和华山派四大高手，灭绝在旁边大发议论："这少年的武功十分怪异，但昆仑、华山的四人，招数上已钳制得他缚手缚脚。中原武功博大精深，岂是西域的旁门左道所及！"

乾坤大挪移是波斯绝学，昆仑派武功和华山派武功是中华绝学，张无忌用波斯绝学对阵中华绝学，以一斗四，最后还胜了，说明"西域的旁门左道"未必落后于"博大精深"的中原武功。但灭绝不管不顾，就是坚信中原武功第一。

# 第六章
## 黄蓉教你解方程

# 四元术

古代中国数学家喜欢将某些定理、公式、解题方法称为某某术。

比如说，勾股定理叫作"勾股术"，负数运算法则叫作"正负术"，通过矩阵变换求解方程组的算法叫作"方程术"，巧用完全平方公式手动开平方的算法叫作"九章开方术"，用三边长度计算三角形面积的公式叫作"三斜求积术"，用相似三角形性质进行测量的方法叫作"重差术"。

勾股术、正负术、方程术、重差术、三斜求积术……听上去很神秘，看上去很玄妙，仿佛武侠小说里的摄心术、点穴术、轻功提纵术、左右互搏术、传音入密术、飞花摘叶术、分筋错骨手、壁虎游墙功、降龙十八掌、九阴白骨爪等武功，有强大的实用性和杀伤力。事实上，这些定理、公式和解题方法虽说没有杀伤力，但确实跟武功一样实用。

我们再看古代中国数学家独创的另一门"武功"——四元术。

话说《射雕英雄传》第二十九回，郭靖背着身受重伤的黄蓉，闯进瑛姑隐居地，瑛姑正聚精会神为55225这个数字开平方。瑛姑尚未算完，黄蓉随口报出答案：235。瑛姑以为黄蓉瞎猫撞上死耗子，又让黄蓉给34012224这个数字开立方。黄蓉还是脱口而出：324。瑛姑不服，将郭靖与黄蓉领进里屋，只见地板上铺满细沙，细沙上画着许多横平竖直的符号和大大小小的圆圈，还写着"太""天元""地元""人元""物元"等字样。面对这些符号和文字，郭靖如对天书，黄蓉却毫不费力地看懂了。不但看懂了，黄蓉还能快速求解。

原文写道："黄蓉从腰间抽出竹棒，倚在郭靖身上，随想随在沙上书写，片刻之间，将沙上所列的七八道算题尽数解开。"

瑛姑写在细沙上的那些符号和文字，到底是什么东西呢？金庸先生有注解："即今日代数中多元多次方程式，我国古代算经中早记其法，天、地、人、物四字，即西方代数中 X、Y、Z、W 四未知数。"

金庸说的对吗？对了一半。天元、地元、人元、物元，确实代表方程里的未知数；但在一个或一组方程里写下天、地、人、物四字，只表明该方程是多元方程，并不表明其是多次方程。

另外，用天、地、人、物表示未知数，是元朝数学家朱世杰发明的，用来表示四元及四元以下的多元方程，数学史上称为"四元术"。黄蓉和瑛姑生活在宋朝，宋朝虽然也有四元方程，甚至还有更多元的方程，但却没有出现四元术。宋朝人列方程，还是习惯于像汉唐时期的数学家一样，将方程列成矩阵形式，矩阵里只有未知数的系数和常数项，没有未知数。所以，瑛姑在沙地上列的那些方程，应该只有数字，没有文字。就算有文字，也不会"超前"到使用天、地、人、物等文字。

朱世杰发明四元术，最初也不是为了列多元方程，而是想用简便方法推导出"黄方"的边长。黄方又是什么东西呢？它是在直角三角形里画出的最大正方形（图6-1）。

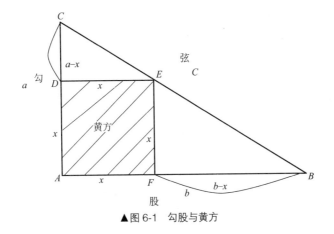

▲图 6-1 勾股与黄方

随便画一个直角三角形，并在里面画出黄方。设这个直角三角形的两个直角边长度分别为 $a$ 和 $b$，斜边长度为 $c$，再设黄方的边长为 $x$。由图 6-1 可知，黄方的面积为 $x^2$，加上两个小直角三角形 $\triangle CDE$ 和 $\triangle EFB$ 的面积，就是大直角三角形 $\triangle CAB$ 的面积。$\triangle CDE$ 的底为 $x$，高为 $a-x$；$\triangle EFB$ 的底为 $b-x$，高为 $x$；$\triangle ABC$ 的底为 $b$，高为 $a$。列出方程：

$$x^2 + \frac{(a-x) \times x}{2} + \frac{(b-x) \times x}{2} = \frac{ab}{2}$$

化简这个方程，将 $x^2$ 约去，可得：

$$x = \frac{ab}{a+b}$$

这是用代数法推导黄方边长，所列方程包括四个未知数：$x$、$a$、$b$、$c$。推导之后，黄方边长 $x$ 等于直角三角形三边长度 $a$、$b$、$c$ 组成的一个代数式。整个推导过程并不复杂，学过初中数学的小朋友就能独立完成。

可朱世杰是古人，他没见过西方代数，不可能用 $x$ 表示黄方边长，用 $a$、$b$、$c$ 表示直角三角形的三个边。如果不使用未知数，直接加减乘除和乘方，整个推导过程将变得异常复杂，并且很容易出错。于是乎，朱世杰采用了一个非常天才的办法——用天、地、人、物这四个汉字，分别代表黄方边长和直角三角形的三边。他用汉字列出方程，再化简方程，最终得到了正确的推导结果。

在推导黄方边长的过程中，朱世杰尝到了用多个汉字表示多个未知数的甜头，所以他把这个方法推而广之，发明了四元术。

朱世杰著有《四元玉鉴》一书（图6-2），用"太"表示常数项，用"天元""地元""人元""物元"表示未知数，偶尔也用"甲""乙""丙""丁"表示未知数。用这些汉字表示未知数，不仅能列出四元方程，也能列出三元、二元和一元方程。

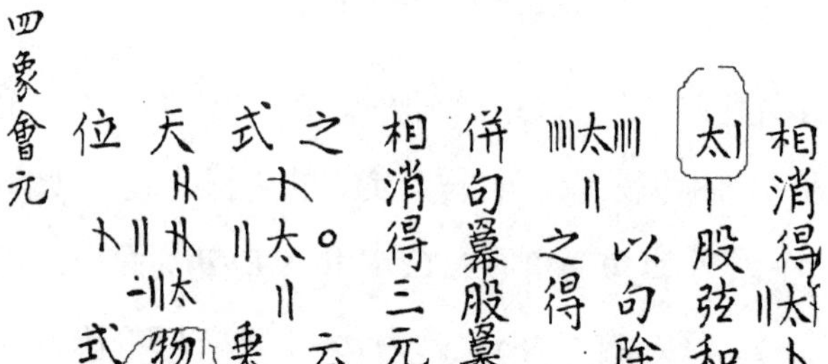

▲图6-2 用"太"表示常数项，用"天元""地元""人元""物元"表示未知数

我们解多元方程，通常需要列出方程组，有多少个未知数，方程组里就要包含多少个方程。朱世杰擅长用多元方程解决三角学问题，未知数是直角三角形的边长和黄方的边长，这些未知数之间存在着紧密的数量关系，只要祭出勾股定理

和黄方公式（即前面推导出的黄方边长公式 $x = \dfrac{ab}{a+b}$）这两大武器，就能将多元方程化简成一元高次方程。单个的多元方程也许无法求解，变成一元方程以后，求解就简单多了。

以《四元玉鉴》收录的一道方程题为例："今有直邑，不知大小，各开中门，只云南门外二百四十步有塔。人出西门，行一百八十步见塔。复抹邑西南隅，行一里二百四十步，恰至塔所。问邑长阔各几何？"

翻译成现代汉语，说有一座长方形的城池（图6-3），长短未知，在东西南北四堵城墙的中段，各开一个城门，其中南门向南240步有一座塔。某人从西门向西走，走180步，能看到南门外那座塔；又从城池西南角出发，向东南走1里240步（秦汉以降，1里为360步），恰好走到那座塔下。请问城池的长度和宽度各是多少呢？

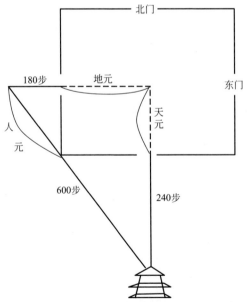

▲图6-3　四元术举例：用多元方程推算城池长宽

首先统一单位，1里240步等于600步。然后画出示意图（图6-3），在城池正中央选定一个点，设该点到北门的距离为天元，到西门的距离为地元，则天元的 2 倍即为城池南北长度，地元的 2 倍即为城池东西长度。由题意，从西门西行 180 步到某点能看到南门外那座塔，设从该点到城墙西南角的距离为人元。根据勾股定理，列出方程：

$$（180+地元）^2+（240+天元）^2=（600+人元）^2$$

孤苦伶仃一个方程，却含有天元、地元、人元三个未知数，怎么解？原则上没法解。好在这些未知数分别都是直角三角形上的线段，能逐步推算和化简。朱世杰将这个三元方程化简成了一元高次方程：

$$天元^4+480×天元^3-270000×天元^2+15552000×天元+1866240000=0$$

再用前代数学家贾宪、杨辉、秦九韶等人发明的"增乘开方术""释锁开方术""正负开方术"求解，解得天元 =240。将天元 =240 代入原方程，又算出地元 =180。因为城池南北长度是天元的 2 倍，东西长度是地元的 2 倍，所以这座城长宽分别为 480 步和 360 步。

需要说明的是，朱世杰没有见过阿拉伯数字，他用四元术列出来的方程，绝对不是我们书写的这个样子，而是用算筹符号表示数字，用算筹位置表示乘方。他列出来的多元方程，正像金庸先生描写的那样："细沙上画着许多横平竖直的符号，和大大小小的圆圈。"那横平竖直的符号就是算筹符号，那大大小小的圆圈则是占位符，近似于现在的 0。

# 天元术

《射雕英雄传》里，黄蓉用一根小竹棒在沙地上写写画画，三下五除二，就将那些多元方程解了出来。瑛姑看傻了，因为她苦苦解了好几个月，都没算出答案。她呆了半晌，对黄蓉说："你是人吗？"注意，这句话可不是骂黄蓉，而是表达内心的惊讶和叹服。

黄蓉微微一笑，说出一番让瑛姑更加叹服的话："天元四元之术，何足道哉？算经中共有一十九元，'人'之上是仙、明、霄、汉、垒、层、高、上、天，'人'之下是地、下、低、减、落、逝、泉、暗、鬼。算到第十九元，方才有点不易罢啦！"

如果我们不了解数学发展的历史，只看武侠小说，一定会以为四元术在先，十九元在后，一定会以为十九元就是包含了十九个未知数的超级多元方程。金庸先生写这段情节时，很可能也是这样认为的。

其实，四元术产生于元朝，十九元最迟在金朝就有了，十九元在先，四元术在后。四元术是多元方程的一种写法，用多个汉字表示多个未知数；十九元却不是多元方程，而是高次方程，仅有一个未知数的一元高次方程。

我们喜欢用 $x$ 表示未知数，习惯用未知数右上角的阿拉伯数字表示平方、高次方。我们写一元高次方程，简单快捷，清晰明了。$17x^9+4x^7+3x^3-12x^2+8x+49=0$，你看，多么简单，多么清晰，还不占地方，节省纸张。

古人无现代代数符号，只能用文字表示未知数和未知数的指数。一元高次方程，用"天元"表示未知数，用天、人、地、下、低、减、落、逝、泉、暗、鬼等汉字表示多少次方，至于系数和常数项，则用算筹或者算筹符号表示，写起来极为麻烦。比如 $31x^3+63x^2+2x+21=0$，这么简单的一元高次方程，让古代数学家来写，会是上下排列的一堆算筹符号，算筹符号右边再分别写人、天、上、高（图6-4）。其中"人"表示常数项，相当于零次方，"天"表示一次方，"上"表示二次方，"高"表示三次方。

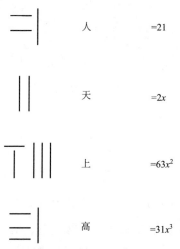

▲图6-4  一元高次方程 $31x^3+63x^2+2x+21=0$ 的古代写法

这种写法可能起源于宋朝，也可能起源于金朝。金朝数学家李冶说："予至东平，得一算经，大概多明如积之术，以十九字志其上下层数曰：仙、明、霄、汉、垒、层、高、上、天、人、地、下、低、减、落、逝、泉、暗、鬼。此盖以人为太极，而以天、地各自为元而陟降之。……予遍观诸家如积图式，皆以天元在上，乘则升之，除则降之。独太原彭泽彦材法，立天元在下。凡今之印本《复轨》等书，俱下置天元者，悉踵习彦材法耳。"

李冶说他早年在东平（隶属山东）得到一本数学书，书中写到高次幂（如积之术），将十九个汉字上下排列，表示常数项和未知数的不同次方。这十九个字包括：仙、明、霄、汉、垒、层、高、上、天、人、地、下、低、减、落、逝、泉、暗、鬼。其中，人是常数，其它汉字是未知数的指数。以人为界，天、上、高、层、垒、汉、霄、明、仙，代表的指数越来越大，天是一次方，上是二次方，高是三次方，层是四次方，垒是五次方，汉是六次方……人后面的那些字，地、下、低、减、落、逝、泉、暗、鬼，则表示负指数，地是负一次方，下是负二次方，低是负三次方，减是负四次方，落是负五次方，逝是负六次方……

李冶还说，山西有一个数学家彭泽（姓彭，名译，字彦材），列高次方程的方法别开生面，将那十九个汉字的指数顺序颠倒了一下，人还是常数，天、上、高、层等字却成了负指数，这种背道而驰的方法甚至被印入某些数学教材。

用十九个汉字代表常数和指数，是西方代数传入中国之前，中国人自己搞出来的代数学，用这套中国代数书写一元高次方程，数学史称之"天元术"。很显然，天元术不是解方程的方法，而是列方程的方法，用这种方法列出的方程也不是多元方程，而是只有一个未知数的多次方程。

李冶著有《测圆海镜》一书，也与三角测量有关，书中有一道例题，是用三角学推算一座圆形城池的直径。原题比较复杂，不再抄录，我们只看看这道题用到的方程：

$$x^4+70x^3-2296x^2+15750x-72=0$$

解得 $x=12$。

现在用天元术，把这个方程再列一遍。

72 是常数项，用算筹符号写出，右侧再写一个"人"字。前有负号，负号则用"益"字表示。15750 是 $x$ 的系数，用算筹符号写出，右侧再写一个"天"字。-2296 是 $x^2$ 的系数，用算筹符号写出，右侧写"上"，左侧写"益"。然后，$x^3$ 的系数是 70，$x^4$ 的系数是 1，分别用算筹符号写出，右侧各加"高"字和"层"字。

常数项在上，一次项、二次项、三次项、四次项依次在下，如图 6-5 所示，就是该高次方程的天元术形式。

$$x^4+70x^3-2296x^2+15750x-72=0$$

▲图 6-5　高次方程的天元术形式

读者诸君仔细看看这张图，或许能体会到郭靖郭大侠当年的感觉：面对这"许多横平竖直的符号和大大小小的圆圈"，以及旁边那几个莫名其妙的汉字，是不是像看天书一样？同样的符号和文字，为什么黄蓉不像看天书？为什么黄蓉能解读，还能算出答案？因为她学过天元术，因为她学过解方程。这就是知识的力量。

## 开方和开数

黄蓉在瑛姑里屋沙地上求解的方程是多元方程，她讲给瑛姑听的"算到十九元，方才有点不易"的方程是高次方程。多元方程不好解，高次方程也不好解，现在不好解，对古人来说更不好解，所以我们要循序渐进，先了解一下一元一次方程和一元二次方程的解法。

现在，必须再次翻开汉朝数学经典《九章算术》。

为啥非要翻开这本书呢？因为汉语里"方程"这个词，最早出自《九章算术》。当然，《九章算术》里的"方程"，是指方程组，特指那种最简单的线性方程组，即由 $ax+b=c$ 这种方程构成的方程组。解这类方程组，可以不管未知数，只写系数和常数，将系数和常数列成矩阵，通过矩阵变换，化简消元，得到一个未知数的解，再将这个解代入，得到其他未知数的解。本书第三章讲负数来历，有一节"汉朝人怎样解方程组？"，对汉朝数学家用矩阵求解方程组的过程叙述甚详，哪位小朋友想不起来，请把书往回翻，再看一遍。

　　除了方程组，《九章算术》里也有单个的方程。例如《九章算术·均输章》收录的一道例题，说某人运米过关，要过三个关卡，交三次税。过第一道关，交三分之一的税；第二道关，五分之一的税；第三道关，七分之一的税。三道关过完，此人还剩五斗米，那么他原先有多少米呢？

　　原题附有计算过程："置米五斗，以所税者三之，五之，七之，为实。以余不税者，二、四、六相乘，实如法。"过完关，交完税，最后不是剩5斗米吗？将这5乘以3，乘以5，乘以7，连乘积等于525，再除以2、4、6这三个数的连乘积48，商是10.9375，约等于11。也就是说，过关之前原有大米11斗，三关过完，只剩一半还不到（可见古代苛捐杂税有多重）。

　　计算答案是对的，解题过程却让人发蒙：凭什么先乘以3、5、7？凭什么又除以2、4、6？2、4、6是怎么冒出来的呢？

　　我们只有列出方程，才能搞明白3、5、7和2、4、6的来历。设原有大米$x$斗，过第一关，交税$x \div 3$，剩$x - x \div 3$；过第二关，交税$(x - x \div 3) \div 5$，剩$x - x \div 3 - (x - x \div 3) \div 5$；过第三关，交税$[x - x \div 3 - (x - x \div 3) \div 5] \div 7$，剩$x - x \div 3 - (x - x \div 3) \div 5 - [x - x \div 3 - (x - x \div 3) \div 5] \div 7$。最后仅剩5斗，所以有：

$$x - x \div 3 - (x - x \div 3) \div 5 - [x - x \div 3 - (x - x \div 3) \div 5] \div 7 = 5$$

将$x$提出来，化简方程，得：

$$\left(\frac{2}{3} \times \frac{4}{5} \times \frac{6}{7}\right)x = 5$$

化简后的方程又等价于：

$$\frac{2 \times 4 \times 6}{3 \times 5 \times 7}x = 5$$

　　计算思路呼之欲出：用5乘以3、5、7，再除以2、4、6，刚好得到$x$。《九章算术》的作者，当初一定列过方程，一定将$x$的系数化简成了2、4、6与3、5、7的商，否则不可能给出那么惊奇的计算过程。

　　有人评价伟大的数学天才、德国数学家高斯（Gauss，1777年—1855年），说他写论文时，总是把思考过程全部省略掉，只把最简略最精练的证明留在纸上，让读者为他的结论惊叹不已，却又搞不懂整个证明思路到底是怎么想出来的。"他就像一只狡猾的狐狸，用尾巴扫平沙子，盖住自己的足迹。"《九章算术》的作者可能也有高斯那样的习惯，能给每一道例题提供简洁有效的算式，却不告诉你那些神秘莫测的算式其实是先列方程再化简方程的结果。

直接在解题过程中设未知数和列方程，是宋朝以后数学家才养成的习惯。在元代朱世杰《四元玉鉴》一书中，从一次方程到多次方程，从一元方程到多元方程，都有一套固定的概念和成熟的解法。以一元方程为例，未知数叫作"天元"，方程的根叫作"开数"，求根的过程叫作"开方"，解一元四次方程叫作"开三乘方"，解一元三次方程叫作"开二乘方"，解一元二次方程叫作"开平方"，解一元一次方程叫作"开无隅平方"。如图 6-6 所示，一气混元，两仪化元，三才运元，四象会元，可见《四元玉鉴》中一元高次方程和二元方程组、三元方程组、四元方程组的解法。

▲图6-6 《四元玉鉴》中一元高次方程和二元方程组、三元方程组、四元方程组的解法

元明时期，形如 $ax^2+bx=c$ 这样的一元二次方程，二次项 $x^2$ 被称为"隅"，系数 $a$、$b$ 被称为"从方"，常数项 $c$ 被称为"实"，如果 $c$ 为负数，则叫"益实"。一元一次方程 $bx=c$ 没有二次项，也就是没有 $x^2$，从而没有"隅"，所以解一元一次方程叫作"开无隅平方"。

一元一次方程非常好解，$bx=c$，$c$ 除以 $b$，得到 $x$ 的值，方程根就出来了。用元朝数学家的术语，常数项 $c$ 为"实"，系数 $b$ 为"从方"，$c$ 除以 $b$，叫作"实如从方"，得到的商叫作"开数"。所谓开数，就是方程的根。

明朝珠算秘籍《算法统宗》也收录有很多用一元一次方程即可解决的趣味例题，任举一例：

巍巍古寺在山中，不知寺内几多僧。
三百六十四只碗，恰合用尽不用争。
三人共食一碗饭，四人共尝一碗羹。
请问先生能算者，都来寺内几多僧？

从前有座山，山上有座庙，庙里有一群老和尚，老和尚吃饭，要用364只碗。已知他们每3人共用1只饭碗，每4人共用1只汤碗，请问这群老和尚总共有多少人？

列出方程：

$$\frac{x}{3}+\frac{x}{4}=364$$

合并同类项，化简成 $bx=c$ 的形式：

$$\frac{7}{12}x=364$$

常数项 $c$ 除以系数 $b$，得到方程根：

$$x=364\div\frac{7}{12}=624$$

答：这群老和尚总共有 624 人。

二次方程稍难一些。我们解二次方程，会尽量用平方和公式、平方差公式或者完全平方公式，能配方的配方，能因式分解的因式分解。万一不能配方和因式分解，还能用一元二次方程的通用求根公式：

$$x = \frac{-b \pm \sqrt{b^2 - 4ac}}{2a}$$

将二次方程化简为标准形式 $ax^2 + bx + c = 0$，再将 $a$、$b$、$c$ 的值代入求根公式，能算出所有的根。当然，使用这个求根公式之前，最好用判别式 $\Delta = b^2 - 4ac$ 判断根的情况：$\Delta$ 为零，只有一个实数根；$\Delta$ 为正，有两个不相等的实数根；$\Delta$ 为负，没有实数根。

可惜的是，古代中国数学家没有弄出二次方程的求根公式，解方程时要么配方，要么分解因式，要么采用给某个数字手动开平方的方法，一步步地估根、试根和修正根，最后得到根的正确值或近似值。

以《四元玉鉴》里一道方程题为例："立天元一为勾，地元一为股，人元一为开数，三才相配求之，得一百八十八为正实，九十六为益方，一为正隅，平方开之。"这段话意思是说，设某直角三角形的勾为 $x$，股为 $y$，列出二元方程，再化简为一元二次方程，该方程常数项为 188，一次项系数是 −96，二次项系数是 1，求这个一元二次方程的根。

设根为 $w$，列出方程：

$$w^2 - 96w + 188 = 0$$

可以分解因式，96 等于 94+2，$188 = 94 \times 2$，用十字相乘法，方程左边分解成 $(w-2)(w-94)$，轻松得到方程解：$w=2$ 或 94。

我们也可以先用判别式 $\Delta = b^2 - 4ac$ 判断根的情况。$\Delta = (-96)^2 - 4 \times 1 \times 188 = 8464$，$\Delta$ 为正，说明存在两个不相等的实数根。再代入求根公式，$w_1 = 94$，$w_2 = 2$。

但是，朱玉杰的解法特别麻烦。他先移项，将方程转化成 $w^2 = 96w - 188$；

再开方，$w = \sqrt{96w - 188}$；再给 $w$ 估一个初始值 $w_0$，例如 100。将 $w_0$=100 分别代入左右两边，等号左边等于 100，右边约等于 97；再把 97 代入方程，等号左边等于 97，右边约等于 95；再把 95 代入方程，左边等于 95，右边约等于 94；最后把 94 代入，左边等于 94，右边也等于 94。所以，94 就是这个一元二次方程的解。

先估根再代入，再将代入值不断迭代，最终得到方程解，这种方法并非朱玉杰首创，它是西方代数学传入中国之前，中国数学家普遍采用的手动开方法和高次方程求解法。宋朝以降，虽有增乘开方和正负开方等算法问世，也仅仅是缩小估值范围，降低迭代次数，提高计算速度，并没有发展出二次方程、三次方程、四次方程的求根公式。

用估根加迭代的算法解方程，不但费时费力，而且很容易丢根。前面例子中，朱世杰求解 $w^2$=96$w$-188，只算出 94 这一个根。而我们早就用求根公式给出答案，这个方程有 94 和 2 两个根。如果朱世杰估根的时候，将初始值定为 2（最小必须是 2，否则会出现对负数开平方的局面，这在古人眼里是不可理喻的），他绝对不会丢掉 2，但却会丢掉 94，因为将 2 代入已经符合要求了，他不会再去寻找别的根。

## 丢根不丢人

解方程丢根，丢人不？放在今天，确实丢人；放在古代，司空见惯。不但古代中国数学家丢根，古希腊、古罗马、古印度和古阿拉伯的数学家解方程，一样会丢根。

我们都知道欧几里得，他是古希腊的数学大拿，他在两千多年前就会用几何方法求解 $x^2+ax=b$ 这样的一元二次方程。他把方程与几何图形结合起来，将系数 $a$ 表示成线段的长度，将常数项 $b$ 表示成矩形的面积，再借助勾股定理，推导出 $x$ 的求根公式。用求根公式是有可能算出负根的，欧几里得却不认可负数，他如果算出负根，那是毫不留情，手起刀落，见一个砍一个。

比如说，$x^2+2x=63$，该方程有两个根，一个是 7，一个是 $-9$。欧几里得用他自己推导出来的求根公式也能正确算出这两个根，但他会把 $-9$ 丢掉，只保留正根 7。所以，拿我们现在的标准来评判，欧几里得其实是个不合格的学生，因为他经常丢根。

公元 9 世纪，数学家花拉子米求解一元二次方程 $x^2+10x=39$，用的也是几何方法（图 6-7）。他将 $x$ 看成某正方形的边长，在其四条边上各画一个宽为 $\dfrac{10}{4}$ 的小长方形。正方形面积是 $x^2$，加上四个小长方形面积 $\dfrac{10}{4}x\times 4$，等于 39，这个 39 是一个新图形的面积，新图形再加上四个边长为 $\dfrac{10}{4}$ 的小正方形，得到一个大正方形。大正方形面积等于 $39+4\times\left(\dfrac{10}{4}\right)^2=64$，所以大正方形的边长是 8。大正方形的边长又等于 $x$ 加上 $\dfrac{10}{4}\times 2$，所以 $x+\dfrac{10}{4}\times 2=8$，所以 $x=3$。

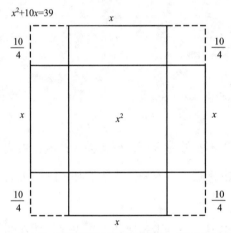

▲图 6-7　花拉子米用几何图形巧解一元二次方程

花拉子米使用几何图形，成功地将一元二次方程变成一元一次方程，脑子很聪明，方法很巧妙，但是，他也丢了根。大家不妨用求根公式算一下，$x^2+10x=39$ 实际上有两个根，一个是 3，另一个是 −13，花拉子米把 −13 弄丢了。

哪怕是到了 17 世纪上半叶，解析几何的创始人、法国数学家笛卡尔（René Descartes，1596 年—1650 年）推导一元二次方程 $x^2-bx-c=0$ 的通解时，也只推导一个正根：

$$x_1 = \frac{b}{2} + \sqrt{\left(\frac{b}{2}\right)^2 + c}$$

其实 $x^2 - bx - c = 0$ 还存在一个负根：

$$x_2 = \frac{b}{2} + \sqrt{\left(\frac{b}{2}\right)^2 + c}$$

　　笛卡尔在推导和计算过程中当然遇到过负数，但他不认为负数有意义，他把负数叫作"假数"。既然负数是假数，那么负根就是假根，在他眼里，假根不是根，应该丢掉。

　　笛卡尔死于公元 1650 年，他去世第五年，清朝皇帝康熙出生。康熙不算是数学家，数学水平离笛卡尔差着十万八千里，但在中国历史上，康熙绝对是数学水平最高的皇帝。康熙在位时，授意传教士和中国数学家共同编撰了一部兼容并包、中西合璧的数学百科全书，名曰《御制数理精蕴》，简称《数理精蕴》。此书下编收录了许多一元三次方程及其解法，试举两例。

　　**例1**：$x^3 + 13x^2 + 30x = 27144$。

　　现代中学生解一元三次方程，可以借用一元二次方程因式分解的十字相乘法，如果不能分解，则套用求根公式。一元三次方程求根公式又分两种，一种是意大利数学家卡尔丹诺（Girolamo Cardano，又译为卡尔达诺、卡尔丹、卡丹、卡当，1501 年—1576 年）推导并证明的卡尔丹公式，一种是中国数学教师范盛金（1955 年—）在 1989 年公布的盛金公式。我们套用卡尔丹公式，算出实数根 26，还有实部为 –19.5 的一对共轭虚根（实部相等、虚部相反的一对虚数解）。

　　《数理精蕴》是怎么解的呢？它用了成熟于宋朝的独特算法"带纵立方术"（又写成"带从立方术"），先估根，再迭代，一步步推出实数解。如图 6-8 所示，《数理精蕴》用"带纵立方术"求解一元三次方程。

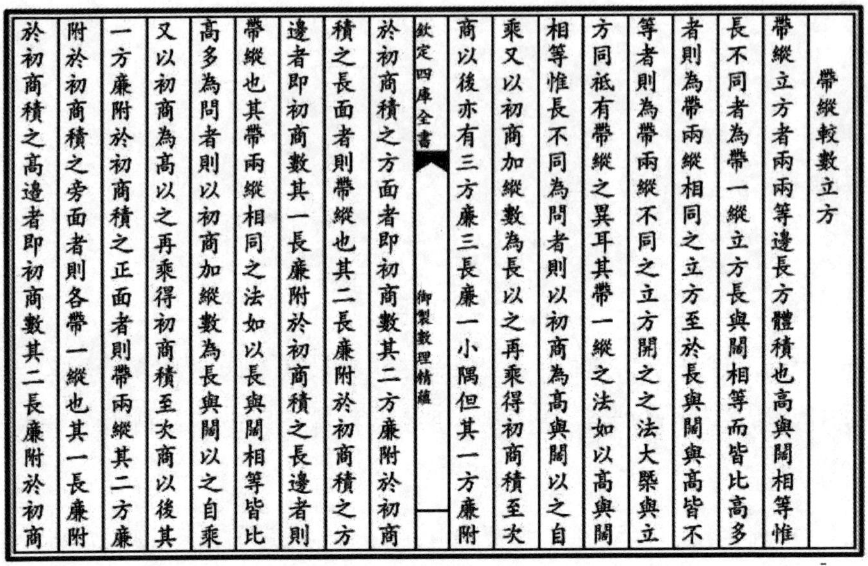
帶縱較數立方
帶縱立方者兩兩等邊長方體積也高與闊相等惟長不同者為帶一縱立方長與闊相等而皆比高多者則為帶兩縱相同之立方至於長與闊與高皆不等者則為帶兩縱不同之立方開之之法大槩與立方同祇有帶縱之異耳其帶一縱之法如以高與闊相等惟長不同為問者則以初商為高與闊以之自乘又以初商加縱數為長以之再乘得初商積至次商以後亦有三方廉三長廉一小隅但其一方廉附

欽定四庫全書　御製數理精蘊

於初商積之方面者即初商數其二方廉附於初商積之長面者則帶縱也其二長廉附於初商積之方邊者即初商數其一長廉附於初商積之長邊者則帶縱也其帶兩縱相同之法如以長與闊相等皆比高多為問者則以初商加縱數為長與闊以之自乘又以初商為高以之再乘得初商積至次商以後其一方廉附於初商積之正面者則帶兩縱其二方廉附於初商積之旁面者則各帶一縱也其一長廉附於初商積之高邊者即初商數其二長廉附於初商

▲图 6-8 《数理精蕴》用“带纵立方术”求解一元三次方程

具体算法是这样的：先估 27144 的立方根，估成 30；但所求不是 $x^3=27144$ 的解，而是 $x^3+13x^2+30x=27144$ 的解，故此将估根缩小，变成 20；将 20 代入方程左边，$20^3+13\times20^2+30\times20$，得数是 13800，与 27144 尚差 13344；将原方程降次，变成二次方程 $3x^2+13\times2x+30=0$，将估根 20 代入，$3\times20^2+13\times2\times20+30$，得数是 1750；用 13344 除以 1750，商大于 7，取略小整数 6，用 20 加 6，得 26；再将 26 代入原方程，$26^3+13\times26^2+30\times26$，得数恰好是 27144，说明 26 就是这个方程的实数根。

《数理精蕴》算到这一步，以为求出了 $x^3+13x^2+30x=27144$ 的所有根，实际上还有两个虚根被弄丢了。

例 2 是关于体积的应用题：“有大、小二正方体，边数共十四尺，大方积比小方积多二百九十六尺，问二正方体之边数、体积各几何？”一大一小两个正方体，边长相加共 14 尺，大正方体的体积比小正方体多出 296 立方尺，求算两个正方体各自的边长和体积。《数理精蕴》中关于体积的一元三次方程应用题如图 6-9 所示。

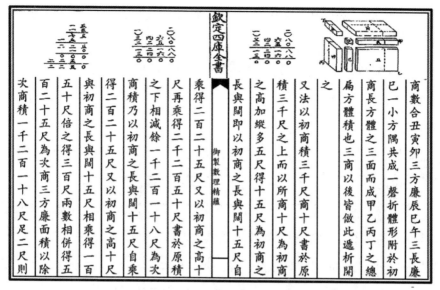

▲图6-9　《数理精蕴》中关于体积的一元三次方程应用题

设小正方体边长 $x$ 尺，则大正方体边长（$14-x$）尺，小正方体的体积是 $x^3$ 立方尺，大正方体的体积是（$14-x$）³ 立方尺。因为大正方体比小正方体的体积多 296 立方尺，所以有：

$$(14-x)^3-x^3=296$$

化简得到：

$$x^3-21x^2+294x=1224$$

《数理精蕴》仍用带纵立方术，估根迭代，一步步推算出 $x=6$。小正方体边长 6 尺，大正方体边长（$14-6$）尺，即 8 尺，两个正方体的体积分别是 216 立方尺、512 立方尺。验算一下，两个正方体的体积相减，刚好是 296 尺，说明求解是正确的。

但是若用现在通行的一元三次方程求根公式来解，除了实根 6 以外，还有一对共轭虚数根。纯粹从解方程的角度讲，《数理精蕴》只给出 $x=6$ 这一个解，仍然是丢根。

解方程丢根，并不丢人。我们要知道，每个国家的数学都是在实用基础上发展起来的，中国数学更是典型的实用主义方法论。古人列方程和解方程，那不是玩智力游戏，而是在解决实际问题，而大多数生活和生产问题都用不到虚数，甚至连负数都用不到。所以，负根可以丢，虚根更可以丢。不但可以丢，连考虑都不用考虑，除非要解决的那个问题逼着人们不得不考虑。

在特别追求数学实用性的古代中国，解方程不求完美，只求有效，能得到一个符合要求的根就行了，无须再找更多符合要求的根。如果为算出一个准确无误的根，要耗费太多脑细胞，那就退而求其次，只求这个方程的近似解。坦白讲，许多实际问题并不存在完美无误的解，能找到近似解就行了。而在求近似解方面，古代中国数学家发明的各种估根迭代算法非常有效，像什么增乘开方术、正负开方术、带纵立方术，能为所有一元二次方程和一元三次方程找到实数范围内的准确解或近似解。四次、五次乃至更高次的方程，也能用这些迭代算法逐步推导，最终得到符合要求的近似解。从这个角度看，古代中国数学其实洋溢着浓浓的工程学味道。

明清时代，中国数学追求实用的思想几乎被日本数学界复制下来，估根加迭代的高次方程解法也被日本数学家学会。德川幕府第四代将军德川家纲在位时（1651 年—1680 年），幕府财务总监关孝和将元朝数学教材《算学启蒙》里的方程解法融会贯通，发扬光大，撰成《解隐题之法》。所谓"隐题"，即有隐藏数值的题，正是方程的别称。关孝和擅长求解一元高次方程，他的解法也是估根加迭代，源自中国算法。在江户时代，日本"算圣"关孝和擅长用迭代算法求解高次方程，其解题过程如图 6-10 所示。

因为精通算学，关孝和声名大振，就像武学第一的高手被誉为"武圣"一样，他被誉为"算圣"。他在日本开宗立派，创立"关流学派"，麾下弟子多达数百，且门规森严，有如古希腊之毕达哥拉斯学派。弟子们数学水平达到何种地步，要经过关孝和的测试和评级：达到第一层功力，评为"见题免许"；达到第二层功力，评为"隐题免许"；达到第三层功力，评为"伏题免许"；达到第四层功力，评为"别传免许";达到第五层功力,评为"印可免许"。

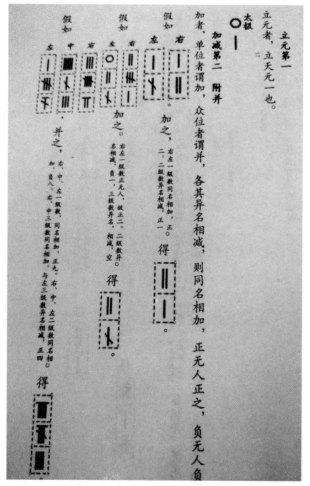

▲图6-10　江户时代,日本"算圣"关孝和用迭代算法求解高次方程

　　弟子们只有在被评为"别传免许"以后,才能得到关孝和的秘密真传。而一旦得到关孝和真传,那就成了贵族们争相聘用的抢手人才,可以在筑城、造船、征税、纳贡、水利、测绘等领域大显身手,因为他们学到的数学知识,都有非常实际的意义。

## 学会三次方程，就能登台打擂

东方数学侧重实用，西方数学则走上既重实践意义，又重理论分析的另一条道路。

进入文艺复兴时期，数学就像诗歌、绘画、音乐一样，成了欧洲贵族和知识阶层的必修科目，越来越多的聪明人投身于数学研究，并且乐此不疲，他们将证明当做智力游戏，将求解当做修身之道。有的贵族未必懂得数学，但是受到社会风气的影响，会拿出钱来资助数学研究，还会举办擂台赛，让数学家和数学爱好者们在规定时间内求解规定的题，胜出者既能拿到丰厚的奖金，又有机会得到政府机构的聘书，或者某个大学的教职。

下面要讲的故事，发生在 16 世纪的意大利。众所周知，文艺复兴起源于此。

那应该是 1515 年前后，意大利有一个数学教师，名叫希皮奥内·德尔·费罗（Scipione del Ferro，1465 年—1526 年），他靠着一己之力，研究出了 $x^3+cx=d$ 这类方程的求根公式。这可是一项了不起的成就，因为在数学诞生以后的几千年里，人们只找到一元二次方程的求根公式，一提到三次方程就止步不前。欧几里得和花拉子米等数学大牛能解三次方程，但只能借助几何图形解决特定类型的三次方程。中国数学家能解所有类型的三次方程，但容易丢根，求得的解还往往是近似解。这位费罗老师能找到 $x^3+cx=d$ 的求根公式，虽说少了二次项 $bx^2$，不能代表所有的三次方程，但至少让将近一半的三次方程迎刃而解。

搁到今天，一位数学教师有此卓越成就，必定在顶级期刊发表论文。然而在16世纪的意大利，学术地位不靠论文奠定，得去"比武打擂"。两个高手对决，谁在规定时间内解出的难题多，谁就能得到梦想的职位和地位。所以，费罗选择秘而不宣，他拒绝公开求根公式，他用他的秘密武器横扫大批三次方程，每次都能在解方程擂台赛中碾压对手。

直到临终，费罗才像一代宗师传授衣钵那样，将求根公式珍而重之地传给自己最喜爱的一个学生。那学生得到衣钵，竟不思进取，躺在老师的功劳簿上吃老本，揣着求根公式到处打擂，将近十年罕逢敌手。直到1535年，在一场解方程擂台赛上，这个学生惨遭秒杀，败给了一个名叫尼科洛·塔尔塔利亚（Niccolò Tartaglia，1499年—1557年）的挑战者（图6-11）。

NICOLAYS TARTAGLIA GEOMETRA
Diuitias patriæ cumulat Tartaglia linguæ,
Euclidem Etrusco dum docet ore-loqui.
Hic certam tractare dedit tormenta per artem,
Et tonitru, & damnis æmula fulmineis.

▲图6-11　邮票上塔尔塔利亚的画像

"塔尔塔利亚"本非名字，而是绰号，意思是"口吃"。这位挑战者幼年丧父，紧接着又经历过战争，不幸被入侵的法国士兵砍伤，留下后遗症，严重口吃，终身未愈，所以被称为"塔尔塔利亚"。因为口吃，所以自卑，塔尔塔利亚极少参加社交活动，而将全部精力都花在数学研究上，功力大增。塔尔塔利亚也在研究三次方程的解法，他另辟蹊径，研究出了 $x^3 + bx^2 = d$ 这类方程的求根公式。费罗的求根公式适用于缺少二次项的三次方程，塔尔塔利亚的求根公式则适用于缺少一次项的三次方程。不仅如此，塔尔塔利亚还用倒推法分析费罗当年解过的方程，猜出了费罗的解法，所以他既能解 $x^3 + bx^2 = d$，还能解 $x^3 + cx = d$。

1535 年 2 月 22 日，决斗开始。决斗双方：一方是塔尔塔利亚，一方是费罗的学生。决斗方式：文斗。武侠小说里的文斗，是你打我三掌，我再打你三掌，看谁撑不住。塔尔塔利亚和费罗学生的文斗，是互相给对方出题，你写 30 道方程，我来解，我写 30 道方程，你来解。决斗结果：30 : 0——塔尔塔利亚在两小时内就解出了费罗学生给出的 30 道方程，而费罗学生面对塔尔塔利亚给出的 30 道方程，束手无策，冷汗直流，一道都没解出来。

获胜的塔尔塔利亚声名远扬，但他没有骄傲，继续研究三次方程的解法，试图为所有类型的三次方程找到通解。与此同时，就像当年的费罗一样，他对自己的研究成果严格保密，不向任何人透露解法。

意大利还有一位数学研究者卡尔丹诺［卡尔丹诺是法官和寡妇的私生子，他生前撰写并于死后出版的《机遇赛局之书》（*Liber de Ludo Aleae*）是世界上第一部概率论著作，他的画像见图 6-12］，此人博学多才，兴趣广泛，既是占星术士，又是医学博士，对塔尔塔利亚的三次方程解法产生了极大兴趣。卡尔丹诺多次给塔尔塔利亚写信，请教如何解三次方程，塔尔塔利亚当然不愿透露。1539 年，不死心的卡尔丹诺登门拜访，用三寸不烂之舌展开进攻，拍着胸脯向塔尔塔利亚保证，只要后者愿意传授解法，他一定守口如瓶，不传给第三个人，同时还会向上层贵族举荐塔尔塔利亚，让手握大权的人知道塔尔塔利亚不仅擅长解方程，还能用巧妙的公式计算弹道，从而让塔尔塔利亚受到更多重用。

▲图 6-12 卡尔丹诺肖像

　　塔尔塔利亚被卡尔丹诺的如簧之舌打动了，塔尔塔利亚的三次方程解法被卡尔丹诺学会了。卡尔丹诺却没有信守承诺，他没有举荐塔尔塔利亚。更离谱的是，几年以后，他竟然出了一本书，在书里公布了塔尔塔利亚的解法。塔尔塔利亚勃然大怒，但为时已晚，世人已经将三次方程求根公式发明者的桂冠挂在了卡尔丹诺的头上。现在初中数学教科书上一元三次方程的求根公式（图 6-13）之所以叫作"卡尔丹公式"，而不叫"塔尔塔利亚公式"，正是因为卡尔丹诺"剽窃"并且公布了这一成果。

先将一元三次方程化简为以下形式：

$$x^3 + px + q = 0$$

此方程的根为：

$$x_1 = \sqrt[3]{-\frac{q}{2} + \sqrt{\left(\frac{q}{2}\right)^2 + \left(\frac{p}{3}\right)^3}} + \sqrt[3]{-\frac{q}{2} - \sqrt{\left(\frac{q}{2}\right)^2 + \left(\frac{p}{3}\right)^3}}$$

$$x_2 = \omega \sqrt[3]{-\frac{q}{2} + \sqrt{\left(\frac{q}{2}\right)^2 + \left(\frac{p}{3}\right)^3}} + \omega^2 \sqrt[3]{-\frac{q}{2} - \sqrt{\left(\frac{q}{2}\right)^2 + \left(\frac{p}{3}\right)^3}}$$

$$x_3 = \omega^2 \sqrt[3]{-\frac{q}{2} + \sqrt{\left(\frac{q}{2}\right)^2 + \left(\frac{p}{3}\right)^3}} + \omega \sqrt[3]{-\frac{q}{2} - \sqrt{\left(\frac{q}{2}\right)^2 + \left(\frac{p}{3}\right)^3}}$$

其中 $\omega = \dfrac{-1 + \sqrt{3}i}{2}$, $\omega^2 = \dfrac{-1 - \sqrt{3}i}{2}$

▲图 6-13 一元三次方程的求根公式

不过，说卡尔丹诺是剽窃者，并不完全客观，因为卡尔丹诺也有自己的成果。在塔尔塔利亚的基础上，卡尔丹诺继续推进，将解法拓展到更多类型的三次方程上。卡尔丹诺还发挥他自己的聪明才智，给三次方程求根公式提供了严谨的证明，而在此之前，无论是费罗的求根公式，还是塔尔塔利亚的求根公式，都只有公式而没有证明。众所周知，未经证明的公式只能叫作公设或猜想，在工程学上也许能拿来应用，但却不能成为数学大厦的基石。

在证明求根公式的过程中，卡尔丹诺还培养出一位天才助手费拉里（Ferrari Lodovico，1522 年—1565 年，肖像见图 6-14）。费拉里以三次方程求根公式为基础，竟然又研究出了四次方程的求根公式。因为卡尔丹诺出尔反尔，塔尔塔利亚愤怒地写信驳斥，费拉里常常代替卡尔丹诺迎战，在回信中驳倒塔尔塔利亚的问题。1548 年 10 月，又一场擂台赛开始举行，费拉里独力迎战塔尔塔利亚。这次决斗以公开辩论的方式进行，双方先探讨三次方程的解法，塔尔塔利亚在解答速度上领先一步；但是一说到四次方程，费拉里就占了上风。没有等到决斗结束，塔尔塔利亚就在愤怒和沮丧中提前退场。十几年前，这位曾经以 30 ∶ 0 战绩轻松获胜的数学高手，败给了卡尔丹诺的年轻助手。

▲图 6-14　卡尔丹诺的助手费拉里

　　获胜的费拉里名利双收，先后获得税务监督和大学教授的职位。塔尔塔利亚呢？名气一落千丈，还失去了他在大学里原有的教席。

　　塔尔塔利亚为什么会败给一个名不见经传的年轻小助手呢？大概有三条原因：第一，他始终在三次方程里打转，没有钻研四次方程的通解，也可能钻研不出四次方程的通解；第二，他唯恐被别人偷学，不敢开展合作研究，不愿进行学术交流，就像一个故步自封的老拳师，既不收徒弟，也不学新招，一直关着门练习老套路，功夫进境太慢；第三，跟他的身体缺陷也有关系——1548 年 10 月那场擂台赛实际上是辩论赛，前面说过，塔尔塔利亚严重口吃啊！

## 黄蓉出了三道题

我们回过头来继续说黄蓉。

黄蓉帮助瑛姑解出几道多元方程，又给瑛姑讲了高次方程，瑛姑非但不感激，还对黄蓉身上的重伤大加奚落。结果呢？黄蓉恼了，临走给瑛姑撂下三道难题。

哪三道难题？

第一道是包括日、月、水、火、木、金、土、罗、计都的"七曜九执天竺笔算"。第二道是"立方招兵支银给米题"。第三道是道"鬼谷算题"："今有物不知其数，三三数之剩二，五五数之剩三，七七数之剩二，问物几何？"

其实，第一道并非具体的数学题，而是古印度人推算历法和占卜星象的一套学问，一半数学加一半巫术。第二道"立方招兵支银给米题"，简称"立方招兵题”，出自《四元玉鉴》，原题如下：

今有官司依立方招兵，初招方面三尺，次招方面转多一尺。……已招二万三千四百人，……问招来几日？

翻成白话是说，官方招募士兵，第一天招到人数是 3 的立方，第二天招到人数是 4 的立方，第三天招到人数是 5 的立方，第四天招到人数是 6 的立方，以此类推，第 *n* 天招到人数是（*n*+2）的立方。现已招到 23400 人，请问截至目前，招兵已持续多少天？

《四元玉鉴》中立方招兵题及其解法如图 6-15 所示。

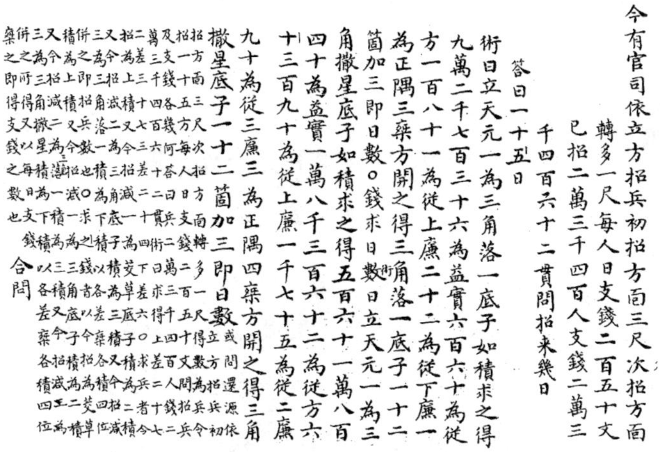
今有官司依立方招兵初招方面三尺次招方面
轉多一尺每人日支錢二百五十文
已招二萬三千四百人支錢二萬三
千四百六十二貫問招來幾日
荅曰一十五日
術曰立天元一為三角落一底子如積求之得
九萬二千七百三十六為益實六百六十為從
方一百八十一為從上廉二十二為從下廉一
為正隅三乘方開之得三角落一底子一十二
箇加三即日數○錢求日數術曰立天元一為三
角撒星底子如積求之得五百六十一萬八百
四十為益實一萬八千三百六十二為從方六
十三百九十為從上廉一千七十五為從二廉
九十為從三廉三為正隅四乘方開之得三角
撒星底子一十二箇加三即日數
合問

▲图 6-15　《四元玉鉴》中立方招兵题及其解法

黄蓉给瑛姑出的这道题，确确实实是一道难题，它不仅要用到方程，更要用等差数列，并且涉及高阶等差数列。

等差数列通常是高中数学的教学内容，不过，初中生和小学生想必也在试卷上见到过。例如 1，3，5，7，9，11，13……或者 2，4，6，8，10，12……或者 5，8，11，14，17，20，23……试卷上给出这些数，让我们寻找这些数的规律，并判断第 *n* 项的数字应该是多少。形如上述这样有规律的一列数（后面每一项和相邻前一项的差都是一个常数），就是等差数列。

《四元玉鉴》这道招兵题中，从第 1 天到第 $n$ 天，每天招兵人数依次是 $3^3$、$4^3$、$5^3$、$6^3$、$7^3$……也就是 27、64、125、216、343……后项减前项，差越来越大，并不是一个固定不变的常数。将这个原始数列所有相邻项的差写出来，能形成一个新的数列；再把新数列所有相邻项的差写出来，又是一个新的数列；再把新数列相邻项的差写出来，此时所有差都成了常数 6。换句话说，新数列是一个等差数列。既然相邻项差组成的新数列是等差数列，那么原始数列就属于高阶等差数列。

对高阶等差数列求和，需要推导和总结求和公式，但我们没必要这么麻烦，直接推算就行了。设招兵持续 $x$ 天，根据题意，列出这样一个奇怪方程：

$$3^3+4^3+5^3+6^3+7^3+\cdots+(x+2)^3 = 23400$$

要解这个方程，可以一步步试算，也可以编程求解：

```
x=0                        # 将招兵天数 x 归零
s=s_temp=0                 # 将累计招兵人数归零
flag=False
while flag==False:         # 设置循环运行条件
  x=x+1                    # 招兵天数每增加 1 天
  s=s_temp+(x+2)**3        # 累计招兵人数就增加 (x+2)³
  s_temp=s
  if s==23400:            # 如果累计招兵人数达到 23400 人
        print("招兵已持续",x,"天")  #则输出招兵天数 x 的值
        flag=True          # 设置循环终止条件
```

以上代码用 python 编写，只有 10 行，运行时间不到 0.1 秒，程序报出结果："招兵已持续 15 天。"

古人不可能找计算机帮忙，要分析数列，要写通项公式，要进行级数求和，还要把级数公式转化为方程，求解之难，难于上青天。

首先，算出前几天每天的招兵人数（从 3 的立方到 $n$ 的立方），再一轮又一轮地计算相邻各项差，依次形成数列 1、数列 2、数列 3。数列 3 是等差数列，所以原始数列是一个四阶等差数列。

数列 3 是一阶等差数列，古称"茭草垛"；数列 2 是二阶等差数列，古称"三角垛"；数列 1 是三阶等差数列，古称"撒星垛"。找到每种等差数列的通项公式，计算它们的级数和，古称"垛积术"。

设招兵天数为 $x$，分别代入三个不同的垛积公式，然后让公式相乘，并对公式化简，之后让招兵总人数等于 23400，得到一个高次方程。最后用开方术解此方程，得到方程解，也就是招兵天数。

在《射雕英雄传》一书中，瑛姑内功怪异，轻功出众，招式阴狠，数学水平却只能算做未入流。黄蓉与她相见时，她正苦苦计算 55225 的开方，算了好久都没算出来。黄蓉给她讲"算经中共有一十九元"的高次方程，她的反应是"沮丧失色，身子摇了几摇，突然一跤跌在细沙之中，双手捧头，苦苦思索"。可见瑛姑既不精通开方运算，也不了解高次方程。黄蓉出的这道立方招兵题，恰恰要用到开方术和高次方程，所以瑛姑十有八九不会解，算到头发全白也未必有答案。

黄蓉第三道题是所谓的"鬼谷算题"，又叫"物不知数"。这道题简单得多，甭说瑛姑，受过奥数训练的小朋友都会做，说不定有很多小朋友已经做过了。

来，我们看看这道题："今有物不知其数，三三数之剩二，五五数之剩三，七七数之剩二，问物几何？"某样东西，数量未知，除以 3，余 2；除以 5，余 3；除以 7，余 2。问：这样东西总共有多少个？

解这道题，用不着列方程。先找除以 3 余 2，并能被 5 和 7 整除的数，这样的数最小是 35；再找除以 5 余 3，并能被 3 和 7 整除的数，这样的数最小是 63；再找除以 7 余 2，并能被 3 和 5 整除的数，这样的数最小是 30。把三个符合要求的数加起来，35+63+30=128，说明这样东西的个数是 128。

128 并不是这道题的唯一答案，我们再算 3、5、7 的最小公倍数，得到 105，拿 128 减去或者加上 105 的倍数，将得到这道题的一组解：

23、128、233、338、443、548、653、758、863、968、1073、1178……

很显然，这是一个等差数列，写出它的通项公式：

$$a_n=128+105\times(n-2)$$

根据通项公式，能算出"物不知数"问题的所有解。将 $n=1$、2、3、4、5、6……代进去，想算多久就算多久，反正这道题的解是无穷无尽的。

如果用编程方法解这道题，那更简便，写几行代码就可以了。

```
i=0                    # 将解的个数归零
for n in range（1，10000001）:          # 设定求解范围
    if n % 3 == 2 and n % 5 == 3 and n % 7 == 2:   # 如果满足三次求
                                               余运算的要求
        x=n                # 找到符合要求的解
        i=i+1              # 将解的个数加 1
        print（x, end="；"） # 不换行，输出千万以内的全部解
print（i）               # 输出千万以内解的个数
```

运行程序，能输出 1000 万以内所有符合要求的解，总共有 95238 个。

现在不用计算机，也不用奥数思维，改列方程，同样可以求解。怎么列方程？关键在于设未知数。不是要把除以 3 余 2、除以 5 余 3、除以 7 余 2 的所有数字给找出来吗？我们就设这些数字为 $N$，再设 $N$ 除以 3 的商是 $x$，$N$ 除以 5 的商是 $y$，$N$ 除以 7 的商是 $z$，然后会有三个方程：

① $3x+2=N$

② $5y+3=N$

③ $7z+2=N$

其中 $x$、$y$、$z$ 和 $N$ 都是正整数。

三个方程，全是一元一次方程，看上去并不难解。但是，这三个方程却包含四个未知数。逐步消元，求出某个未知数，再代回去，求出其他未知数，这套传统招数根本使不上，因为未知数的个数超过了方程的个数，无论怎么消元，都不可能消到只剩一个未知数。

未知数的个数竟然超过方程个数，所有这类方程，都是不定方程。不定方程的解法很独特，堪称一门奇功，咱们下文再说。

## 郭靖走了多少步？

为了更加具体地介绍不定方程的解法，我们先把郭靖请出来。

郭靖背着身受重伤的黄蓉，慌不择路，瞎打误撞，闯进瑛姑隐居地。天色已晚，南北不辨，脚下也非坦途，不是烂泥，就是荒草，郭靖迷路了，全靠黄蓉指点。

黄蓉想了片刻，道："这屋子是建在一个污泥湖沼之中。你瞧瞧清楚，那两间茅屋是否一方一圆。"郭靖睁大眼睛望了一会，喜道："是啊！蓉儿你什么都知道。"黄蓉道："走到圆屋之后，对着灯火直行三步，向左斜行四步，再直行三步，向右斜行四步。如此直斜交叉行走，不可弄错。"郭靖依言而行。落脚之处果然打有一根根的木桩。只是有些虚晃摇动，或歪或斜，若非他轻功了得，只走得数步便已摔入了泥沼。他凝神提气，直三斜四地走去，走到一百一十九步，已绕到了方屋之前。

那两间茅屋一方一圆，正是瑛姑的住所，郭靖既要抵达茅屋，又要避开机关，必须直斜交叉行走：先直行 3 步，再左斜 4 步，再直行 3 步，再右斜 4 步……

原文说，郭靖总共走了 119 步，才走到茅屋前面。试问在此期间，他直行多少步？左斜多少步？右斜多少步？

我们已经知道郭靖的行进规则，每次都是先直行，再左斜，再直行，再右斜……设他左斜 $x$ 次，右斜 $y$ 次，在左斜之前紧邻的直行共 $a$ 次，在右斜之前紧邻的直行共 $b$ 次（如果最后一步为直行，则依据其后一步按顺序应是左斜还是右斜，分别将其计入 $a$ 或 $b$ 中）。根据题意，列出方程：

$$3a+4x+3b+4y=119$$

一个方程，四个未知数，标准的不定方程，可能有无穷多组解。但在这道题里，$a$、$b$、$x$、$y$ 必须是正整数，其中两两之间的差都不可能超过 1（因为直行之后必是左（右）斜，左（右）斜之后必是直行，直行之后必是右（左）斜，$a$ 与 $x$，$b$ 与 $y$，总是相伴相随），取值范围一下子缩小许多。

先让 119 除以 $a$ 的系数 3，商取整数，得 39，说明 $a$ 不可能超过 39；再让 119 除以 $x$ 的系数 4，商取整数，得 29，说明 $x$ 不可能超过 29。鉴于 $a$ 与 $x$ 的差不大于 1，所以 $a$ 的取值不可能超过 29。同样的道理，让 119 除以 $y$ 的系数 4，商取整数，得 29，由于 $b$ 与 $y$ 的差不大于 1，所以 $b$ 的取值同样不能超过 29。

因为 $a$、$b$、$x$、$y$ 都不超过 29，所以就在 1 到 29 这个范围内分别取整数值，验证哪组数据能让 $3a+4x+3b+4y=119$ 这个方程成立。经检验，共有四组数据符合要求：

① $a=8$，$b=9$，$x=9$，$y=8$

② $a=9$，$b=8$，$x=9$，$y=8$

③ $a=8$，$b=9$，$x=8$，$y=9$

④ $a=9$，$b=8$，$x=8$，$y=9$

进一步地，可以根据题中的一组隐含条件，即 $x \geq y$，$a \geq b$，来验证结果，从而保留②，舍去①③④。a 是直行，b 也是直行，②中，a、b 之和是 17，x、y 分别是 9 和 8。也就是说，在通往瑛姑茅屋的路上，郭靖一定是直行 17 次，左斜 9 次，右斜 8 次。又因为每次直行都是 3 步，每次斜行都是 4 步，所以能求出他直行和斜行的步数：

直行步数：17×3=51（步）

左斜步数：9×4=36（步）

右斜步数：8×4=32（步）

如此求解，方法最笨，必须非常机械地一个一个去试，计算量超级大（列表计算相对简便，但也相当麻烦）。既然计算量大，那就应该交给计算机，仍然是几行代码轻松完成。

```
a=b=x=y=0        # 将数据归零
for a in range(1, 30):          #a 取值 1 到 29
    for b in range(1, 30):      #b 取值 1 到 29
     for x in range(1, 30):     #x 取值 1 到 29
      for y in range(1, 30):    #y 取值 1 到 29
       if 3*a+4*x+3*b+4*y==119:  # 如果有一组 a、b、x、y 能让方程成立
                                  # 并且满足限制条件
        if abs(a-x)<=1 and abs(b-y)<=1 and abs(a-b)<=1 and abs(x-y)<=1:
                                  # 输出直行与斜行步数
         print("郭靖直行", (a+b)*3,"步;左斜",4*x,"步;右斜", 4*y, "步")
```

程序运行结果：

郭靖直行 51 步；左斜 36 步；右斜 32 步

## 洪七公与百鸡问题

用不定方程分析郭靖走路，这是我们根据武侠性节杜撰的题，除了《武侠数学》，恐怕古今中外任何一本数学书里都见不到，如果它严谨性上不完美，情有可原。

下面这道题就严谨多了。

"今有鸡翁一，值钱五；鸡母一，值钱三；鸡雏三，值钱一。凡百钱买鸡百只，问鸡翁、母、雏各几何？"已知每只公鸡售价 5 钱，每只母鸡售价 3 钱，每 3 只小鸡售价 1 钱。现在拿出 100 钱，要买 100 只鸡，请问公鸡、母鸡、小鸡各买多少只？

此题叫作"百钱百鸡"（图 6-16），出自公元 5 世纪的中国数学文献《张丘建算经》，堪称全世界最著名的不定方程例题。

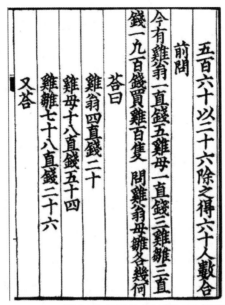

▲图 6-16 百钱百鸡问题最早出自《张丘建算经》

设 100 钱买到的 100 只鸡里有公鸡 $x$ 只，母鸡 $y$ 只，小鸡 $z$ 只，列出方程：

$$\begin{cases} x+y+z=100 & ① \\ 5x+3y+\dfrac{z}{3}=100 & ② \end{cases}$$

两个方程，三个未知数，标准的不定方程。怎么解？可以先消元。方程②×3－方程①，将 $z$ 消去：

$$14x+8y=200$$

化简方程：

$$7x+4y=100$$

100 是 $x$ 系数 7 的 14 倍多一点，是 $y$ 系数 4 的 25 倍，$x$ 和 $y$ 又都是正整数，所以 $x$ 取值必然小于 14，$y$ 取值必然小于 25。

进一步化简方程：

$$y=25-\frac{7}{4}x$$

$y$ 是正整数，所以 $\frac{7}{4}x$ 必然是小于 25 的正整数，所以 $x$ 必然是 4 的倍数。

前面说过，$x$ 的取值小于 14，它又是 4 的倍数，则 $x$ 只能是 4、8、12。将 $x$ 值代入 $y = 25 - \frac{7}{4}x$，得到 $y$ 的值：18、11、4。再将 $x$ 和 $y$ 的值代入 $x+y+z=100$，得到 $z$ 的值：78、81、84。

答：百钱买百鸡，其中公鸡 4 只，母鸡 18 只，小鸡 78 只；或者公鸡 8 只，母鸡 11 只，小鸡 81 只；又或者公鸡 12 只，母鸡 4 只，小鸡 84 只。

在中小学阶段，百鸡问题是非常经典的奥数题，出过许多变形，也有许多解法。刚才介绍的解法，主要利用整除的特性。还有一些解法，要用到余数的特性，甚至还有用奇数和偶数的末位特性（奇数的个位一定是奇数，偶数的个位一定是偶数）来求解的。不管用哪种解法，归根结底都是要缩小未知数的取值范围，从看似无穷无尽的取值中找到合理的取值，将看似不可解的方程变成可以求解的方程。

当计算机在手时，用编程算法之"穷举法"进行暴力破解，可以更狠更快更准地解决百鸡问题。还是这道题，数据不变，编写代码如下：

```
for x in range(1, 100):    # 假定公鸡数目从 1 到 99
    for y in range(1, 100):    # 假定母鸡数目从 1 到 99
        for z in range(1, 100):  # 假定小鸡数目从 1 到 99
            a=x+y+z              # 将鸡的总数加起来
            b=5*x+3*y+z/3       # 将鸡的钱数加起来
            if a==100 and b==100:   # 如果刚好百钱买百只
                # 输出各组解
                print("公鸡有"+str(x)+"只；母鸡有
"+str(y)+"只；小鸡有"+str(z)+"只")
```

运行程序，答案如下：

> 公鸡有 4 只；母鸡有 18 只；小鸡有 78 只
>
> 公鸡有 8 只；母鸡有 11 只；小鸡有 81 只
>
> 公鸡有 12 只；母鸡有 4 只；小鸡有 84 只

继《张丘建算经》之后，南北朝数学家甄鸾提出了两道百鸡问题，题意相似，解法相同，仅仅是数据有变动。其中一道是："今有鸡翁一只值五文，鸡母一只值四文，鸡儿一文得四只。今有钱一百文，买鸡大小一百只，问各几何？"

公鸡每只 5 文，母鸡每只 4 文，小鸡每文钱买 4 只，如今百钱买百只，求各鸡数量。设公鸡 $x$ 只，母鸡 $y$ 只，小鸡 $z$ 只，列方程：

$$\begin{cases} x + y + z = 100 \\ 5x + 4y + \dfrac{z}{4} = 100 \end{cases}$$

消元并化简，得：

$$y = 20 - \frac{19}{15}x$$

沿用前面的解题思路，先给 $x$、$y$ 设定取值范围，再令 $x$ 是 15 的倍数，发现 $x$ 只能取值 15。由 $x$ 推算 $y$，再由 $x$、$y$ 推算 $z$，得到这道题唯一的一组答案：$x=15$，$y=1$，$z=84$。即公鸡 15 只，母鸡 1 只，小鸡 84 只。

甄鸾提出的另一道题是："今有鸡翁一只值四文，鸡母一只值三文，鸡儿三只值一文。有钱一百文，买鸡大小一百只，问各几何？"列出方程，消元化简，同样的解题方法，可得两组解：$x=8$，$y=14$，$z=78$；$x=16$，$y=3$，$z=81$。当公鸡有 8 只时，母鸡 14 只，小鸡 78 只；当公鸡有 16 只时，母鸡 3 只，小鸡 81 只。

金庸先生笔下有一位洪七公洪老帮主，武功奇高，嘴巴奇馋，超爱吃鸡。《射雕英雄传》第十二回，黄蓉在江边村里偷了一只鸡，宰杀干净，用泥糊严，生火烤熟，鸡肉白嫩，浓香扑鼻，正是这股浓香引来了洪老帮主。黄蓉与郭靖好客，将这只刚刚烤好的鸡让给洪七公，自己一口没尝。老帮主大喜，"风卷残云吃得干干净净，一面吃，一面不住赞美"。此后洪七公传授郭靖降龙十八掌，一半是因为郭靖忠厚老实，一半也是因为吃了郭、黄二人的鸡，不传几手功夫说不过去。

洪七公将降龙十八掌中的十五掌传给郭靖，总共花了一个多月时间。在那月余以内，黄蓉每天变着花样给洪七公烧菜，假定每天要用两三只鸡，公鸡、母鸡和小鸡均有，则月余共需百只左右。查宋朝鸡价，百钱买百只已不可能，千文买百只还差不多。我们给公鸡、母鸡、小鸡分别定价，可以设计一道以洪七公为主角的百鸡问题：

"北丐洪七公，丐帮之长，精于技击而贪于口腹，尤嗜鸡也，日食数鸡而不厌。某年月日，七公醉眠江畔，闻鸡司晨，流涎满地，急命女弟子名黄蓉者，掌中馈，主庖厨，携青蚨千文，赴草市购鸡百只。今知雄鸡一只五十文，雌鸡一只三十文，雏鸡一只六文，则百鸡之中，雄鸡、雌鸡、雏鸡各几何？"

公鸡每只50文，母鸡每只30文，小鸡每只6文。黄蓉拿1000文钱，买100只鸡，其中公鸡、母鸡与小鸡各买多少只呢？

设公鸡 $x$ 只，母鸡 $y$ 只，小鸡 $z$ 只，列出不定方程：

$$\begin{cases} x+y+z=100 \\ 50x+30y+6z=1000 \end{cases}$$

还是老方法，先消元，再化简，得：

$$11x+6y=100$$

因为 $x$ 和 $y$ 都是正整数，所以 $x$ 必然小于9，$y$ 必然小于16。进一步化简方程：

$$x=\frac{100-6y}{11}$$

（$100-6y$）必是11的倍数，$y$ 的取值范围又不能超过16，所以 $y$ 只能是13或2。$y$ 是13时，$x$ 是2；$y$ 是2时，$x$ 是8。将 $x$、$y$ 代入 $x+y+z=100$，得到 $z$ 的值。这

道题共有两组解：

① $x=2$，$y=13$，$z=85$

② $x=8$，$y=2$，$z=90$

答：黄蓉千文买百鸡，其中公鸡 2 只，母鸡 13 只，小鸡 85 只；或公鸡 8 只，母鸡 2 只，小鸡 90 只。

也就是说，黄蓉非要拿 1000 文钱买 100 只鸡的话，那她买到的鸡必有一大半是小鸡。几大菜系里面，用雏鸡做主料的不多，鲁菜里的"烤雏鸡"和"油烹雏鸡"相对有名一些。但是，黄蓉天天给洪七公烧烤油炸，七公会有上火的风险。

## 侠客岛上无日历

在宋朝和明朝，百鸡问题又冒出许多变题。

例如将买鸡变成买水果："出钱一百买温柑、绿橘、扁橘共一百，只云温柑一枚七文，绿橘一枚三文，扁橘三枚一文，问各买几何？"（〔南宋〕杨辉《续古摘奇算法》）

或者将买鸡变成买酒："醇酒每斗七贯，行酒每斗三贯，醨酒三斗直一贯，今支一十贯，买酒十斗，问各买几何？"（作者同上）

或者将买鸡变成买金属："今有银五十五两五钱，共买铜、锡、铁八万三千零五十两。只云银价相仿，每银一钱买铜一百三十两，每银一钱买锡一百五十两，每银一钱买铁一百七十两。问三色各若干？"（〔明〕程大位《算法统宗》）

或者将买鸡变成买布："今有绫、罗、纱、绢一百六十尺，共价九十三两。

绫每尺价九钱，罗每尺价七钱，纱每尺价五钱，绢每尺价三钱。问四色各若干？"（作者同上）

或者将买鸡变成买香料："椒一斤价四钱，丁香一斤价三钱，桂皮一斤价六钱，阿魏一斤价一两，缩砂一斤价八钱。今以银七钱买上五色共一斤，则每色该得若干？"（〔明〕李之藻《同文算指》）

走出中国，放眼世界，在英国数学家阿尔昆（Alcuin，736年—804年）、印度数学家摩诃毗罗（Mahavira，生卒年未知，9世纪在世）、埃及数学家阿布·卡米（Abu Kamil，大约与摩诃毗罗同一时代）、意大利数学家斐波那契（Leonardo Fibonacci，1175年—1250年）的著作中，也出现了与百鸡问题相似的题目。

1202年，斐波那契撰写《计算之书》，设计了一道类似于"百钱买百鸡"的"三十钱买三十鸟"问题："某人买山鹑、鸽子和麻雀共30只，共花30第纳尔。现在知道每只山鹑值3第纳尔；每只鸽子值2第纳尔，两只麻雀值1第纳尔，即每只麻雀值0.5第纳尔。请问每种鸟各能买几只？"

斐波那契没有列不定方程，他用了一种很古怪的解法：先考虑两种组合，4只麻雀、1只山鹑，组合为5只鸟、5第纳尔；2只麻雀、1只鸽子，组合为3只鸟、3第纳尔；然后分析两种组合分别取多少次能得30只鸟。斐波那契用这种方法算出唯一符合要求的一组解：第一种组合取3次，第二种组合取5次，即买麻雀22只、鸽子5只、山鹑3只。

事实上，无论是斐波那契的解法，还是我们前面反复使用的解法（化简方程，分析除数、余数与倍数，设定取值范围，先解出一个未知数，再解出其他未知数），都属于具体问题具体分析的特殊解法，而不是放之四海而皆准、遇见问题就通杀的一般解法。

有没有一般解法呢？当然有。到了大学期间，数学专业的学生会学到初等数论这门课程，会学到一次同余方程组（相当于多元一次不定方程）的通用解法。学了通用解法以后，不但能破解类似于"物不知数"和"百鸡问题"的所有题型，而且能迅速判断任意一组不定方程有没有解，有几个解，就像初中阶段我们学到的一元二次方程求根公式和判别式一样。

中国古人也研究过不定方程的通解，并且成功了。在求解不定方程这方面，水平最高的古人应该是宋朝的秦九韶，他发明了一套"大衍术"，包括"大衍求一术"和"大衍总数术"。他用这套算法求解不定方程，还用其来占卦和推算历法（图 6-17）。

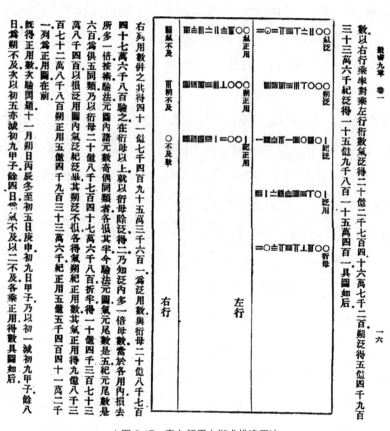

▲图 6-17　秦九韶用大衍术推演历法

大衍术的"衍"，与"演"相通，大衍是指大量演算。古人占卦、推算历法，计算量都很大，计算步骤都很烦琐。尤其是历法推演，计算量之大，计算难度之高，远远超过占卦。

　　中国传统历法俗称"农历"或"阴历"，也有闰年、闰月、大月、小月，却不像现在通行的公历那样有规律。公历四年一闰，百年不闰，四百年再闰，连小学生都能算出哪年是闰年，哪年是平年。公历闰月必在闰年，闰月必是二月，闰年二月必定比平年二月多一天。公历大月必是一、三、五、七、八、十、腊等月，除去二月，剩下都是小月。传统历法麻烦之极，首先大小月不固定，其次闰年不固定，闰年当中哪月是闰月也不固定。普通人想知道哪一年是闰年，只能查皇历，如果皇历上没写，仅凭个人能力是算不出来的，除非受过天文与历法方面的专业训练。

　　皇历是人写的，是历算学家推演的结果。历算学家推演闰年和闰月，必须做大量的求余运算，必须解大量的不定方程。有了秦九韶的大衍术，求余运算被简化成简单机械的步骤，不定方程也在通解面前灰飞烟灭，历法推演的难度下降了一个数量级。

　　金庸武侠小说《侠客行》末尾，有一段关于历法的情节。说是石破天离开侠客岛，乘船驶向大陆，即将靠岸的时候，突然想起他跟未婚妻阿绣的约定——倘若两人不能在三月初八之前相聚，阿绣就跳海自尽。

　　石破天问道："丁四爷爷，你记不记得，咱们到侠客岛来，已有几天了？"
　　丁不四道："一百天也好，两百天也好，谁记得了？"
　　石破天大急，几乎要流出眼泪来，向高三娘子道："咱们是腊月初八到的，此刻是三月里了罢？"高三娘子屈指计算，道："咱们在岛上过了一百一十五日，今天不是四月初五，便是四月初六。"
　　石破天和白自在齐声惊呼："是四月？"高三娘子道："自然是四月了！"
　　白自在捶胸大叫："苦也，苦也！"
　　丁不四哈哈大笑，道："甜也，甜也！"
　　石破天怒道："丁四爷爷，婆婆说过，倘若三月初八不见白爷爷回去，她便投海而死，你……你又有什么好笑？阿绣……阿绣也说要投海……"丁不四一呆，道：“她说在三月初八投海？今······今日已是四月······”石破天哭道：“是啊，那······那怎么办？”

丁不四怒道：“小翠在三月初八投海，此刻已死了二十几天啦，还有什么法子？她脾气多硬，说过是三月初八跳海，初七不行，初九也不行，三月初八便是三月初八！······”

石破天与白自在等人在侠客岛钻研武功，流连忘返，竟将时间忘了个干净，等到想起约定，已经晚了。石破天不记得日期，白自在也不记得日期，船上诸人当中，唯独高三娘子是女性，心思相对细密，记得是腊月初八上的岛，在岛上总共待了 115 天。但高三娘子并不会推算历法，她不知道腊月初八之后第 115 天究竟是什么日期。

若是公历，12 月有 31 天，此后 1 月和 3 月也是 31 天，2 月的天数要看是否闰年，闰年 29 天，平年 28 天。从 12 月 8 号开始算，若逢平年，再过 115 天应是 4 月 1 号；若逢闰年，再过 115 天应是 3 月 31 号。

但武侠世界只有农历，农历大月 30 天，小月只有 29 天，至于某一年的某个月是大月还是小月，必须查皇历才能知道。从腊月初八算起，如果腊月是大月，此后的一月、二月、三月也是大月，则每月均为 30 天，115 天之后是四月初三；如果腊月是小月，此后各月也是小月，则每月均为 29 天，115 天之后是四月初六。农历中极少出现连续几月均为大月或均为小月的特例，所以 115 天之后是四月初四或初五的可能性比较大。高三娘子屈指算出结果：“咱们在岛上过了一百一十五日，今天不是四月初五，便是四月初六。”这个推算基本靠谱。

一听到已是四月，石破天与白自在禁不住捶胸痛哭。在他们心目中，石破天的未婚妻阿绣，还有白自在的老伴史婆婆，必然在三月初八就跳海自尽了。不过，奇迹竟然出现，阿绣和史婆婆都没死。倒不是怕死，而是因为三月初八还没到。咦？石破天腊月初八与阿绣分别，别后已有百余日，怎么还没到三月初八呢？因为那一年凑巧是农历闰年，凑巧是闰二月。什么是闰二月？就是二月过完，还有一个二月。有两个二月夹在中间，三月初八当然要延后一段时间。

石破天不识字，肯定没学过不定方程的解法，更不可能掌握推算历法的技能。否则的话，他在船上就能算出那年有两个二月，也用不着白白痛哭一场了。